CHENGGONG NANREN
SHEJIAO CHUSHI DE ZHIHUI

成功男人社交处世的智慧

树 堂／郑 丽 ◎编著

天津科学技术出版社

图书在版编目(CIP)数据

成功男人社交处世的智慧/树堂,郑丽编著.—天津:
天津科学技术出版社,2009.6

ISBN 978-7-5308-5172-2

Ⅰ.成… Ⅱ.①树…②郑… Ⅲ.①男性—人间交往—通俗读物
②男性—人生哲学—通俗读物 Ⅳ.C912.1-49 B821-49

中国版本图书馆 CIP 数据核字(2009)第 085373 号

责任编辑:刘丽燕

责任印制:白彦生

天津科学技术出版社出版
出版人:胡振泰
天津市西康路 35 号　邮编 300051
电话(022)23332398(事业部) 23332697(发行)
网址:www.tjkjcbs.com.cn
新华书店经销
河北省香河县宏润印刷有限公司印刷

开本 710×1000　1/16　印张 15　字数 199 000
2009 年 7 月第 1 版第 1 次印刷
定价:33.00 元

前言

成功男人的一生就是完善做人处世的过程,通过人际交往,成功的男人可以找到志同道合的朋友;通过人际交往,成功的男人可以觅得相识、相知、情投意合的爱人;通过人际交往,成功的男人可以得到贵人的帮助,在生活、事业上两相得益,从而取得非凡的成就。

饮誉全球的"石油大王"洛克菲勒曾说:"假如人际沟通能力也是同糖或咖啡一样的商品的话,我愿意付出比太阳底下任何东西都珍贵的价格购买这种能力。"这句话足以表明社交能力在洛克菲勒心目中的地位。社交是人类的必然伴侣,更是和谐的人际关系的润滑剂,想要成大事的男人们只有不断提高自己的社交能力,才能在人生道路上走得更快、更稳、更成功!

一滴水只有融入大海才不会干涸,同样,一个人也是社会的一份子,不可能独立生存。那些成功的男人之所以在社会上站稳脚跟,在平时的生活中充实快乐,在事业上有所成就,就是因为他们注重人际间的交往,能够建立起和谐的人际关系。在平时的交往中多结识些良师益友,将会对你以后有很大的帮助。

人的一生就是不断结识新朋友、拓展人际圈的过程。然而,在日常生活中,我们可以发现,成功的男人总是朋友遍天下,受人尊重,人气指数居高不下;而有的男人却左右逢敌,四面楚歌,处处被动。说到底,两者的差别就在于他们是否深谙社交的艺术和处世的谋略。为人处世、人生阅历、经验见识决定着一个人的人生成就,古往今来,所有成功的男人都深谙做人的艺术,所以他们才会在人生的路上走得更平坦,收获也更大!

曾有学者说:"做人要简单,就得像白开水,纯净平淡,没有掺杂任何杂质,从容生活,平淡才是真。做人要成熟,就得像铜钱,外圆内方,善待他人,宽容妥协,坚持自己的原则和空间。"可见,为人处世既是一门学问,也是一种艺术。成功的男人就是因为掌握了这一处世真理,才会取得辉煌的成就。要知道,如果事事斤斤计较、处处与人发生摩擦,那么你必将会众叛亲离;如果过于八面玲珑、圆滑虚伪,总是想让别人吃亏,自己占便宜,则必将形影相吊;如果处处唯我独尊,过于固执,也将被人敬而远之,成为"孤家寡人"一个。

没有人愿意做一个"讨厌鬼",每个人都应该向成功男人学习,让自己成为一个受欢迎的人,成为浩瀚人际星空里最炫目的那颗星,绽放出最耀眼的光芒,让自己享有丰富的人脉资源,为事业的成功创造条件。

富兰克林·贝特格曾经是圣路易红雀棒球队的三垒手,也是全美国最成功的保险推销人士之一,他在社交场合中十分受别人的欢迎。当他进入别人的办公室之前,他总是停下来片刻,想想他必须感激的许多事情,展现出真诚的微笑走进去。他相信,这种简单的技巧,跟他推销保险成功有很大的关系。

可见,掌握了社交处世的技巧,对我们的成功有着巨大的帮助。当然,每个人的社交能力都不是与生俱来的,它可以通过学习和历练来获得提高。本书全面介绍了成功男人的社交礼仪、待人处世、说话办事、职场竞争、恋爱婚姻等各方面的处世哲理,是一部不可多得的人生智慧宝典,助你提前到达成功的彼岸!

目 录

第一章 潇洒自如——聪明男人的处世哲学

善于交际是成功的资本,没有良好的交际氛围,就不能顺利打开人生的局面。一个聪明的社交高手,不论在任何环境,面对任何人际关系,都能做到潇洒自如,言语得体,举止适度。这种人不论走到哪里,都会受到他人的欢迎。

成为一个受欢迎的人/3
给人良好的第一印象/5
机智诙谐给人带来愉悦/7
得体的仪表是男人的名片/10
寒暄问候,人际交往的起点/11
成功男人不能缺少绅士风度/14
好礼仪为自己增添社交人气/16
努力提升自己的人格魅力/19
男人不可不知的社交禁忌/21
做人不要太得意忘形/24
自嘲,是聪明人勇敢的表现/27
好形象是男人身份的象征/29
潇洒自如地与陌生人交朋友31

男子汉应当与羞怯绝缘/33

男人要有气度和平常心/35

第二章 口才高手——成功男人的谈话策略

我们要想成为社交高手,成为社交圈子里的焦点人物,除了得体的打扮和高雅的举止之外,更重要的就是我们的口才。在最短的时间之内,吸引众人的注意力,不断地抛出话题供人们谈论,不断说出具有吸引力和震撼性的话语,让其他人被你折服……这一切都需要我们拥有良好的口才。

好口才有助于男人成功/39

让谈吐展现风度/41

嘴上要留个把门的/44

烧香看菩萨,说话看对象/46

话不要说得太直/48

一句话收买人心/51

不要轻易指责别人/53

是非话不能随便说/56

巧妙地打开与他人聊天的话匣子/58

适当的玩笑有助于调节人际关系/61

会听的耳朵胜过千言万语/63

善说恰当的恭维话/65

巧妙拒绝是聪明人的选择/67

第三章 难得糊涂——精明男人处世有心计

难得糊涂是一种难得的品德,是一种大丈夫的气度,是一种放眼未来的襟怀,是一种超越俗世的大智大勇。人生处世,需要难得糊涂。掌握了难得糊涂,会使你恍然大悟,会带给你一种大智慧,会让你获得一种前所未有的达观和从容。

　　人生难得糊涂/73

　　大智若愚,大巧若拙/75

　　该装傻时就装傻/78

　　不要显示得比别人聪明/81

　　以低姿态赢得他人的好感/83

　　越精明的人越善于守拙/85

　　让别人表现得比自己优秀/87

　　做人不要锋芒毕露/88

　　放下架子人缘会更好/89

第四章　攻心为上——交际高手善于征服人心

　　人就像一本书,只要掌握了必要的"阅读"方法和技巧,是完全可以熟读人心,征服人心的。掌握社交处世中征服人心的诀窍,我们就能够更洒脱自如地遨游于人际的广阔天地,获得生活和事业的双丰收。

　　平时多烧香,急时有人帮/95

　　宽容可以让人名利双收/97

　　真诚的关心可以赢得人心/100

　　站在他人的角度看问题/102

　　给别人台阶下,就是给自己留后路/104

　　让他人觉得自己很重要/107

　　用真诚打动别人/109

　　欲要取之,必先予之/112

　　为人处世留缝隙,凡事不可太较真/114

　　一诺千金,说到做到/116

不要吝啬对他人的鼓励/119

不要让猜疑破坏了良好的关系/122

不要在失意者面前谈你的得意事/124

付出会让你收获更多/127

第五章 忍者无敌——大丈夫为人处世能屈能伸

能上能下,能进能退,能得能失,能荣能辱,能屈能伸,方能在遭受挫折时,遭遇打击时,依然能百折不挠,精神乐观,心情愉快。忍,在很多时候可能是被形势所逼的无奈之举,但要在社会上立足,不懂得容忍是很困难的事。所以,在适当的时候,就要善于容忍,毕竟忍一时之气,却可保一世平安。

能屈能伸,方为大丈夫/133

尽量不做出头的橡子/136

善忍才能成大事/139

学会以隐忍的态度做人/142

忍小节才能获大胜/144

适当放低自己的姿态/147

耐心是为了等待更好的机会/149

善于忍才能够保全自己/151

退一步,天地宽/154

善容人者方能容天下/157

以忍为上,不做逆境的牺牲者/160

第六章 以和为贵——社交中待人处世的艺术

在我国古代礼仪典籍《礼记》中有道:"礼之以和为贵。"讲究礼仪,意在善待别人,这是社交中待人处世的艺术。有价值的社交往往是以真诚和热情为前提条件的,性格孤僻冷漠的人永远不会有幸福和快乐。

善待身边的每一个人/165

不要让争辩伤了和气/166

不要太计较个人得失/169

得理也要让人三分/171

不要揭对方的伤疤/174

宽容那些伤害过你的人/176

善待他人的缺点/178

不要背后说人是非/180

不要伤害他人的自尊/181

对人多点宽容,不要太斤斤计较/183

虚心接受别人善意的忠告 185

开玩笑不要触及别人的痛处/187

人至察则无朋 189

谦虚让你更有人缘/191

善于与人合作,共创双赢/192

第七章　决胜职场——男人职场交际有学问

在职场上,人人都在追求成功。不过,渴望成功的人很多,但真正能够取得成功的人很少,原因在于很多人没有真正领悟职场的玄机。只有懂得了职场交际的学问,才能在工作中做到如鱼得水,游刃有余!

与同事融洽相处有技巧/197

办公室注意分寸才不会得罪人/199

不要忽视同事间的应酬/202

学会应对办公室不同类型的人/204

理性地对待上司的苛求/206

巧言化解与上司的矛盾/208

巧妙地对上司说"不"/210

诚恳地接受上司的批评/213

善于安抚下属的不良情绪/215

第八章 两性婚姻——男人也需要幸福的家庭

家是男人的避风港和加油站,是让他身心最为放松的地方。没有一个幸福的家庭,再有激情的男人也会被折磨得焦头烂额,再能干的男人也会感到生活无聊。因此,男人需要幸福的家庭,需要用心经营和维护婚姻的和谐!

巧赢芳心,女人吃男人哪一套/219

聪明男人会说女人爱听的话/221

男人要事业也要家庭/222

夫妻之间要多沟通/224

幽默增添夫妻生活的和谐/226

夫妻开战,男人要更宽容些/228

第一章　潇洒自如

——聪明男人的处世哲学

善于交际是成功的资本,没有良好的交际氛围,就不能顺利打开人生的局面。一个聪明的社交高手,不论在任何环境,面对任何人际关系,都能做到潇洒自如,言语得体,举止适度。这种人不论走到哪里,都会受到他人的欢迎。

成为一个受欢迎的人

社交,是人与人之间的思想、行为的互动和情感的交流,是社会交往的联结点。社交的目的是让你更顺利地被别人接受,从而受到人们的拥戴和欢迎。

社交是联结心灵的纽带,社交是信息传播的走廊,社交是事业成功的宽带;社交使你获得友情,社交使你获得财富,社交使你收获来自四面八方的支持和帮助。只有成功地融入社会,融入别人的生活圈子,你才会受到人们的拥戴,你才是浩瀚人际星空里最耀眼的星星。

没有人愿意做一个"讨厌鬼",每个人都希望自己成为一个受欢迎的人,希望自己是浩瀚人际星空里最炫目的那颗星,能绽放出最耀眼的光芒,让自己享有丰富的人脉资源,为事业的成功创造条件。

可是,并不是所有人都了解受人欢迎的秘诀。如果你能懂得社交的策略和技巧,相信你一定会成为一个人见人爱的"开心果"。

富兰克林·贝特格曾经是圣路易红雀棒球队的三垒手,也是全美最成功的保险推销人士之一,他在社交场合中十分受别人的欢迎。当他进入别人的办公室之前,他总是停下来片刻,想想他必须感激的许多事情,展现出真诚的微笑,然后当微笑正从他脸上消逝的一刹那,走进去。他相信,这种简单的技巧,跟他推销保险成功有很大的关系。

社交是人走进社会融入别人的圈子,这是现代人实现自我价值赢得别人尊重的一条必由之路。

那么在社交中,如何成为一个受欢迎的人呢?

1. 注重容装

容装是一个人精神与素质修养的集中体现。爱美之心,人皆有之,美是人类永恒的话题。随着社会的日益发展，人们对美的需求也越来越高。当然，我们不一定要穿名牌衣物，但干净整洁清新亮丽是必需的，是对他人的一种尊重。

2. 珍惜友谊

英国大哲学家培根曾经说过："没有真挚朋友的人，是真正孤独的人。"从这句话我们可以看出：朋友是一生的财富。朋友是黑暗之中的火把，是患难之中的得力助手，朋友给予我们的不仅仅是帮助，更多的是财富。珍惜朋友之间的友谊，就相当于牢牢把握住人生的财富。

3. 讲求信誉

常言道：人无信不立。犹太人在经商过程中有这样一句名言："契约是和上帝的约定，信誉就是生命。"不仅经商如此，做人亦如此。为人处世讲求信誉是交际原则中最集中的体现，在社交场合中理应言行一致，实现心中的承诺，让人接触真诚，最终与他人同享成功的喜悦。

4. 富于热情

热情是冬天里的一把火，笑容是最好的见面礼。热情满怀的人如同一片绚丽的朝阳，不管照到哪里，哪里都亮。热情是可以点燃人际交往的心灵之火。

5. 宽忍豁达

"忍一时风平浪静，退一步海阔天空。"忍不是忍气吞声，而是换位思考；退不是倒退，是站在对方的立场想问题。古诗云："退步原来是向前。"以一颗隐忍之心和宽容豁达的胸襟站在对方面前，能够赢得对方的阵阵掌声。宽容是一种胸怀，豁达是一种做人艺术。两者之间的完美结合才会为你的人际交往注入成功的基因。

 智慧感言

如果你要融入别的群体，被别人接受、认可、喜爱，就必须与他人进行广泛的交往，诚实为人，广交朋友。

给人良好的第一印象

不管跟某人认识多久,"第一次"只有唯一的一次。第一次是永远无法改变的,即使后来如何改观,对方还是会永远记得那个"第一次"。第一印象之所以非常重要,因为第一印象永远不能改变和磨灭。

比如求职面试。很多人并不知道,在面试时,当你走进来的那一刹那,映入眼帘的第一印象,已经占了面试总成绩的百分之五十,根据第一印象,面试者几乎可以决定是否录用你了,剩下的百分之五十才决定于之后的面对面交谈。

所以,第一印象是非常重要的。可以说,人与人之间的相互交往,人际关系的建立,往往是根据第一印象所形成的论断。对此,心理学家鲁钦斯研究认为,先出现的信息对总印象的形成具有较大的决定力。

第一印象在人际交往中所起的定势效应具有很大的稳定性。开始时某一品质或特点清晰突出地表现出来,给人印象深刻,这些印象就会像一轮光环笼罩着你,掩盖你别的品质或特点。虽然人们都知道"路遥知马力,日久见人心"的道理,也知道仅凭第一印象来判断一个人,难免会出现错误。尤其是,当对方为了某些目的而刻意掩饰的时候更是这样。但即使如此,人们在人际交往过程中却总也免不了要受第一印象的影响。

你的表情、姿态、身段、仪表、服装,如此等等,都可能给对方带来或好或坏或平淡的第一印象。以外表判断他人乃人之常情,即所谓"先入为主"。

一个风度翩翩英俊潇洒的人往往产生使人乐于交往的魅力;一个不修边幅萎靡不振的人,总会让人不舒服。外表多多少少会影响到他人内心的喜恶。我们平常会用这样的话来形容别人的长相:"那个人一脸憨厚,看起来挺老实的！"或者"那个人一脸奸相，看起来不是什么好东西！"

"良好的开端是成功的一半"。人际交往的开端——第一印象，同样会决定一个人的交际"命运"。第一印象好比演员登台亮相，"第一炮"打响了，就可能博得满堂彩。既然这是人类的通病，那我们就要利用它！

虽然王刚上班没多久，在同事中却颇具人缘。其实，这并不是因为他比别人优秀多少，而多半应该归功于他第一天上班的表现。

王刚去公司上班的第一天，由于公司刚刚成立，午餐经费的问题还没有具体落实下来，大家就决定先以 AA 制来分摊。到了买单的时候，王刚从包里掏出钱，把大家的饭费一起付了。他的这个举动给大家留下了很好的印象，从那以后，大家都把他定为一个大方、不斤斤计较的人了，而且这个印象一直在同事心目中保持着。

事实上，我们在第一眼看到一个人时，第一印象就会发生作用。双方都会给对方留下深刻的印象，同时双方也都力图使对方对自己获得好印象，作为今后交往的起点。如果第一印象很差，那就失去了再次交往的机会。

在人际交往中，怎样才可以为自己塑造一个令人难忘的印象呢？

首先，我们必须忠于自己，切勿随便模仿别人的动作和形态。相信自己的能力和才干，便会产生一种自然的力量和信心；有了信心，个人的形象便自然地显得积极进取努力和上进。

有了大概的印象后，紧张的心情自然变得和缓，又因为熟悉了别人的背景，心态自然变得主动和灵活。

其次，重视握手的礼节。和朋友初次见面的时候，一定会握手的。这是一种重要的礼节。所以，我们的手非常重要。指甲一定要修好，保持清洁。同时，又要注意手汗，免得引起令人反感的尴尬场面。离去的时候，也要握手道别，以增加因接触而产生的感情。

再次，要表现得有风度。风度是性格和气质的外化，主要包括言谈举止。风度是可以用眼睛看到的，所以，风度影响你在别人心中的印象。从风度的好坏，不仅可以看到一个人的文明程度，而且也可以部分地看到一个人的美丑。

没有人喜欢一个没有风度,举止轻浮,言谈粗鄙的男人。人的言谈举止,待人接物都应当表现出文明的美的风度。只有这样,你才能赢得良好的第一印象。要注意文明礼貌,不要莽撞,不要张狂,忌不懂装懂,盛气凌人,指手画脚;不要对着人打喷嚏、咳嗽;不要歪歪斜斜地坐着,跷二郎腿,说话时还手舞足蹈,唾沫四溅;更不要当众剪指甲,挖鼻孔,抠脚丫。

脸上一定要挂上一丝微笑。微笑是一种重要的武器,是无坚不摧的。微笑不但令人温暖,还可将初次见面的紧张心情消除。除了微笑之外,我们的态度还要友善、热情和诚恳。和人交往要保持一种不卑不亢的态度,切勿因别人太成功而将自己的头和腰弯得太低。握手的时候,手要有力和热情,但要适中,不要将人握得太紧或者不肯放手。

最后,态度要真诚。生活中,谁都愿意和热情真诚的人交往,而与虚伪自私的人则保持一定距离。因此,你要获得良好的第一印象,就要真诚地与别人交往,就要关心别人,爱护别人,让人们觉得因为你的存在,生活又多了一分美好。

当然,要给人良好的印象,还需要注意其他很多事项,一般视具体的人而定。同时,也要靠自己在平时的生活中去摸索。

智慧感言

第一印象是影响人际交往的前提因素。所以,我们在与陌生人见面之前,一定要多做些准备工作,注意一些细节。

机智诙谐给人带来愉悦

诙谐是一个人对待生活态度的反映,也是对自身力量充满自信的表现。

一个人在对自己的前景充满希望时,他会发出由衷的笑声,而即使暂时处于逆境,他仍对生活充满信心,能够用诙谐来抵抗人生的阴霾。

没有比一个懂得诙谐的人更加让人欣赏青睐,因为诙谐意味着聪明,有勇敢的自嘲精神。诙谐的人是聪明的,是睿智的。

一般来说,谈吐诙谐的成功人,能够随时随地进行有趣味的思索,能够即兴对别人的谈吐作出快速的反应。如丘吉尔在一次演讲之后,有个年轻人向他祝贺:"刚才您的讲话真不愧是一篇绝妙的即席演说。"他则回答:"可不能这么说,年轻人,为这篇即席演说我已经准备了20年!"因此,诙谐能力的形成不是偶然的,需要长时间的培养,平时就应该筹划和准备你的即兴笑话和即兴故事。

创造即兴演说也要依靠自己的努力,只要你注意了平时的积累,那么在关键的瞬间,随着机敏切题的诙谐从你胸中自然涌出,势必会表现出你随机应变控制大局的能力,并使你因此而赢得众人的称赞和尊重。出色的论辩家都是这样努力的,一旦走上讲台,趣味诙谐便源源不断涌出。有位诙谐大师遇到一位故意捣乱的听众。当这个人大骂大师混蛋时,大师却笑嘻嘻地说:"先生应该注意一点,你正在说一个我所喜欢的人。"

在言谈中,那些诙谐谈吐的人比较受人欢迎,因为他们能够使气氛缓和。在争执不休时,若能灵活地运用诙谐感,亦可促进结局的圆满成功。

诙谐是婚姻中的润滑剂,能够使夫妻生活妙趣横生。夫妻之间平时互相逗趣,互相调侃,互相愉悦,不但能够融洽家庭气氛,还有利于夫妻感情的沟通,何乐而不为呢?

诙谐是生活的调味品。诙谐而大度的人会说:"哭也是一天,笑也是一天,我会选择笑着度过一天,那么再大的风浪也会平息。"诙谐和贫嘴不同,诙谐是智慧的象征,需要用知识来做基础。

诙谐是一种沟通的技巧、语言的艺术。在人际交往中发生不快时,一句诙谐话语往往能缓解紧张的气氛,一句诙谐的话语能使对方转怒为喜。诙谐能够化干戈为玉帛,不但使家庭温馨,更能帮助我们在事业上取得成功,赢得友谊。

诙谐是人精神世界的养料,它可以使人变得豁然开朗,能够坦然面对生活中的挫折和困难。

一般诙谐的人机智,乐观,积极,向上,对生活充满了信心,即使心绪不佳时,也不会怨天尤人。和诙谐的人在一起,会感到生活的乐趣,会从他们身上获得面对困难的勇气。

诙谐是一种心灵状态,也是一种生活态度,不仅是生活的动力,也是心灵的处方。因此,聪明人懂得用诙谐来丰富自己的生命。

那么,如何培养诙谐的技巧?首先必须头脑灵活;其次要显示出多方面的兴趣,这样才能通晓广泛的知识;再次,也是最重要的一点就是态度要随和亲切。

当你在争辩或论辩中遭遇困难,双方陷于紧张的情势中时,唯有"诙谐"才能及时化解,并将令人窒息的气氛缓和下来。难怪有人说:诙谐好比沙漠中的"绿洲"。

在生活中,经验丰富的人能够运用诙谐的语言,减少不必要的麻烦;能够从积极的角度培养诙谐感,并对他人作出善意的批评。

莉莲·卡特是美国前总统吉米·卡特的母亲。一天,莉莲·卡特正在家里料理家务。突然,她听见门铃响了,进来的是一位记者。尽管莉莲·卡特对记者的频繁来访感到十分厌烦,但出于礼貌,她还是说:"见到你,十分高兴。"记者说:"你的儿子到全国各地去演讲,并告诉人们,如果他曾经对他们撒谎,就不要选他。你能不能诚实地告诉我,你的儿子是不是从没有撒过谎?因为世界上再没有人比您更了解您的儿子了。"莉莲·卡特说:"说过,但那都是善意的。"记者问:"什么是善意的谎言?您能不能给我下一个定义呢?万一不好下定义,举个例子也可以。"卡特母亲说:"比如说,您刚才进门的时候,我说'见到您,十分高兴'。"记者听了,十分狼狈地走了。

智慧感言

该谐是一种真正的生活智慧,是成功者展现自魅力的独特方式,是经历了人生起伏、动荡和挫折之后,依然保持一种达观,积极,绝不轻言放弃的人生态度。诙谐是需要锻炼和培养的。

得体的仪表是男人的名片

所谓仪表,指人的外表,包括人的仪容、姿态、服饰、风度等。男人绅士般的衣着打扮,举止谈吐,举手投足之间都那么含蓄,深沉,温柔,善良,给人一种亲切怡人的愉悦和韵味,不但显示了自己对生活的热情态度,而且还能唤起他人的关注。

优雅得体的仪表还能够增强人的自信,从而以奋发进取,乐观的心态面对现实,处理人生所遇到的各种问题。

有些人认为:许多有学问的人从来不注重自己的仪表形象。其实这只是片面之见。不太注重自己仪表形象的人毕竟是少数,大多数在社交场合纵横捭阖的人都明白仪表的作用至关重要。

有一位美国行为学家做过这样一个实验:当他以不同的仪表在同一个地点出现时,得到的反应却是迥然相异。当他以西装革履的绅士面孔出现在陌生人面前之时,任何一位陌生人都对他礼貌有加,他也显得颇有风采;当他打扮成一副流浪汉的模样时,与他接近的大多数则是些无业游民。在社会中与人交往,尽管"人不可貌相",但人际交往中仪表所表达出的意义是无法用语言形容的,它是一个人内在品质的具体体现。

日本著名企业家松下幸之助,有一次到银座的一家理发室去理发。由于过度的操劳与奔波,他带着一副疲惫的样子,衣冠不整地来到理发室。理发师看到他的形象后,语重心长地对他说:"你对自己的容貌修饰丝毫不重视，就如同将你的产品弄脏似的。作为公司的代表，你不注意形象，产品能够打开销路吗？"一句话将松下幸之助问得哑口无言。他将理发师的劝告牢记在心，从此后对自己的仪表十分重视。

美国成功学家拿破仑·希尔说："一个人能否成功，关键在于他的心态。"成功男人无不具有积极的心态，而仪表恰恰是这种积极心态的外在表现。一个男人想要被人欣赏，绝对不能不重视自己的仪表。

1960年9月，尼克松和肯尼迪二人举行竞选总统的第一次辩论。当时两个人的声望与才华不相上下。据大多数评论员估计，尼克松是经验丰富的"电视演员"，击败缺乏电视演讲经验的肯尼迪是在情理之中的事情。

然而，事实却出人意料，肯尼迪最终获胜。这是什么原因呢？

原来，尼克松没有听从电视导演的劝告，再加上他精神疲惫，萎靡不振，面部化妆又用了深色的粉底，在屏幕上显现出一副疲惫不堪愁眉苦脸的样子，最终导致竞选失败。而肯尼迪竞选之前做了大量的准备工作，还到海滩晒太阳，养精蓄锐。结果，当他出现在电视屏幕上时，红光满面精神焕发，演讲论辩谈吐自如，最终成功夺取桂冠。

由此可见，得体的仪表是男人的第一张名片，不注重仪表的男人可能在不知不觉间就已经与好运擦肩而过了。

智慧感言

一个仪表端庄的人在社会中行走，得到的是众人的鲜花与掌声。仪表端庄已经成为人们赞美他人的口头禅，每一个男人对仪表都不能不加以重视。

寒暄问候，人际交往的起点

问候是我们生活中不可或缺的因素，好的问候语能够把人与人之间的距离拉得很近。

也许你会认为，早上跟别人问好无关紧要，对熟人是这样，对生人更是如此。但是你不觉得忽略这一细节有什么不妥吗？你应该知道，一件小事往往会令我们不愉快，从而影响工作。在早上互相问候也是如此，它不仅能让别人感到你对他的尊重，还会使大家都有一个好心情。在开始一天的工作时，这种心情肯定会影响到你做事的效率。

清晨，曙光熹微，朝霞满天，预示着新的一天的到来。不管你昨天有多累，在早起后，在这新的一天里，都要精神抖擞地向你周围的人问声"早上好！"尤其要向你的老板和同事问声"早上好！"

也许你认为说早安是件很简单的事，或者没有这个必要。有些人向别人道早安时连身边的人都听不到，或蜻蜓点水似的一带而过；有的则极不情愿，毫无感情色彩地例行公事而已；有的看一眼别人便一声不响地坐下。

问声"早上好"可以打破从昨天下班之后到今天早上一直处于停顿状态的同事关系，重新开始新的一天的人际关系，所以这是一种严肃的行为。

你与周围的人互道早安，特别是对老板和同事道早安，就等于是在工作场所中的上班铃声一般，也好像你上班签了到一样。从这一句"早上好"开始，表示现在又是新的一天。

有这样一个小故事，说明了"早上好"的作用。

在去芝加哥上班的路上，一车的人谁也没有讲话，大家躲在自己的报纸后面，彼此保持着距离。

汽车在树木光秃，融雪成滩的泥泞路上前进。

"注意！注意！"突然一个声音响起，"我是你们的司机。"他的声音听起来很威严，车内鸦雀无声。

"你们全都把报纸放下。然后把头转向坐在你身边的人！"

乘客们全都照做了，但没有一个人露出笑容，这是一种从众的本能。

"现在，跟着我说……"司机用军队教官般的语气喊道，"早安，朋友！"

大家跟着说完后，都情不自禁地笑了笑。

很多人一直以来怕难为情，连普通的礼貌也不讲，现在腼腆之情一扫而光，彼此的界限消除了。有的人又说了一遍后彼此握手、大笑，车厢内洋溢着笑语欢声……

"早安，朋友！"四个字一出口，奇迹出现了——彼此间的界限消除了。为什么这四个字有如此巨大的魔力呢？因为"早上好"是一句问候语，是亲善感、友好感的表示，更是一种信任和尊重。"早上好"一旦说出了口，双方就有了亲切友好的愿望，彼此间的距离缩短了，不仅增加了彼此的信任度，还沟通了感情。

如果你对上司和同事精神饱满地说声"早上好"，就可以给他们留下很好的印象。很多员工缺少与同事、上司沟通的机会，一句"早上好"就可以拉近彼此的距离，能达到相互沟通的效果。通过"早上好"这句话，可以增进上司对你的理解，加深对你的好印象。一个早上的印象会左右一天的印象，甚至左右一个人一生的印象。

从实际生活中来看，说"早上好"的对象，既包括与你关系不错的人，也包括与你一向不和的人。一句轻松愉快的"早上好"，等于向你周围的人宣布："昨天是昨天，今天是今天，昨天已经过去了，今天又是愉快的一天。"在向对方暗示你已忘记过去的不愉快，期待新的一天。

每天早上用开朗明快的声音跟别人打招呼道早安，没有人会因此而感到不快，不管对谁都是一样。

早上说声"早上好"，是一天工作中好的情绪的开始，是精神充实的保证，更是构成良好人际关系的要素。

与周围的人连一句"早上好"都不愿说的人，往往会被人认为太高傲，看不起人，独来独往，我行我素，从而令人产生不好的印象，甚至产生一种厌恶心理。本来打算和你进一步交往的，现在却认为你是个难以交往的人，使想与你交朋友的人望而却步了。试想，一个连"早上好"都不会说的人，怎么会赢得好人缘？怎能有成就事业的可能呢？

细节问题虽小，却也有它深远的意义。一句"早上好"不仅会带给你一份愉快的心情，还会让你结识更多的人，得到更多的朋友，那将是一笔巨大的财富。这句问候，可能会改变你的生活。

一句恰到好处的问候语，可以给人带来亲切与温暖，可以进一步拉近两个陌生人之间的距离。

一个看似平常的细节，背后却隐藏着温暖的友爱之情。

智慧感言

问候是一个人良好素质的自然流露，问候是给别人的良好祝愿，是进一步加深交际的基础和起点。因此，无论你碰见谁，都给别人一声真诚的问候吧。

成功男人不能缺少绅士风度

绅士风度起源于法国，可是绅士风度却不只是法国男人才拥有。它已经转化为一个准则，深刻而潜移默化地影响了全世界男人的形象。一个有绅士风度的男人，显然会比一个行为粗劣的男人更令人欣赏。

美国前总统克林顿是一位极富人格魅力的人，他之所以能当上美国总统，与他绝佳的风度有着密不可分的联系。

1992年10月15日，在美国第二次总统候选人电视辩论中，辩论现场只设一个主持人席，候选人面前都没有讲桌，只有一把高椅子可坐。克林顿为了表示他对广大电视观众的尊敬，一直没有坐，并且在辩论中减少了对布什的攻击，把重点放在讲述自己任阿肯色州州长12年间所取得的政绩上。克林顿彬彬有礼的言谈，赢得了广大电视观众的好感。

在最后一次电视辩论中，克林顿亦以潇洒的姿态，机智的论辩和恰到好处的谈吐大出风头。他在对布什的责难进行了有力的反驳以后，用非常得体的符合电视现场转播的话语总结道："我既尊重布什先生在白宫期间为国操劳的辛苦，又希望选民能鼓起勇气，敢于更新，接受更佳人选。"话音刚落，掌声雷动。最终的胜利当然属于克林顿！

绅士风度最早表现在贵族和骑士们身上，后来，所有的男人也都愿意显示一定的绅士风度以彰显自己的高贵修养。在这种社会效应下，全社会自觉自愿地接受绅士风度，使其成了男人受欢迎的重要条件。

一个很有名的剧院经理来找大仲马，一见面，他连帽子也没脱下，就开始抱怨这位剧作家，"你是不是把最新的剧本卖给了一家小剧院的经理，你也知道，这几年，我们的合作一直很不错，你怎么忽然改变了主意？"

大仲马看着这位满脸怒火的经理，笑了笑："是有这么回事，我已经改了主意。"

经理一听原来传言是真的，立刻慌了手脚，要知道，剧院全靠着大仲马的剧本赚钱呢。他立刻换上笑容："我可以给您上个剧本两倍的价格，您还是卖给我吧。"

大仲马笑了笑说："其实你的那位同行用一个很简单的方法，就以很低的价格把剧本买了。"

"那是怎么回事？"经理疑惑地问。

"因为他以与我交往为荣，他一见到我就会脱下帽子和我说话，而且，他从来都很懂礼貌，说话绝不会像您一样。"

处世是件很复杂又很简单的事情。在人生中，男人可以没有金钱，也可以没有地位，但绝不能没有礼貌和风度。以礼待人，在尊重别人的同时你会发现自己也正被别人尊重着，只有这样做的人才能拥有成功的人生。

男人要使自己变得有风度，以下几点不可少。

1. 有礼节

寒暄就是语言的礼节。有五个最常见的礼节语言的惯用形式，它表达了人们交际中的问候、致谢、致歉、告别、回敬这五种礼貌。问候是"您好"；告别是"再见"；致谢是"谢谢"；致歉是"对不起"；回敬是对致谢、致歉的回答，如"没关系"、"不要紧"、"不碍事"，等等。

2. 有分寸

这是语言得体有礼貌的首要问题。要做到语言有分寸，必须配合语言要素，要在背景知识方面知己知彼，要明确交际的目的，要选择好交际的体式；同时，要注意如何用言辞行动去恰当表现。当然，分寸也包括具体言辞的分寸。

3. 有学识

在高度文明的社会里，必然十分重视知识，十分尊重人才。富有学识的人将会受到社会和他人的敬重，而不学无术的粗浅的人将会受到社会和他人的鄙视。

4. 有教养

说话有分寸，讲礼节，富于学识，词语雅致，是言语有教养的表现。尊重和谅解别人，是有教养的重要表现。尊重别人符合道德和法规的私生活、衣着、摆设、爱好，在别人确有缺点时委婉而善意地指出。还要在别人不讲礼貌时，本着谅解的态度，视情况理智地处理。

绅士风度应该是一个成功男人的基本修养。在和他人交谈的时候，有绅士风度的男人都会给人一种好感，容易受到别人的尊重。所以，男人们应该时刻保持风度，这样，才能让自己的人气扶摇直上。

好礼仪为自己增添社交人气

礼仪如春风化雨，礼仪会提高你的交际品位。奥里森·马登说，如果你的社会关系是一台机器，那么，彬彬有礼的态度就是那台机器中的润滑剂。古语说得好："文质彬彬，然后君子。"因为，人际交往中只有形成尊重和被尊重的默契与和谐，才可能让交际顺利进行和持续发展。

礼仪是人际交往的基础，也是你交际更具品位的基本要求。比如参加交谊舞会，男士的衣装应该庄重整洁，举止大方；女士的衣装应该明快典雅，不宜浓妆艳抹。进入舞厅时应该彬彬有礼，对熟人和旧友要握手致意或点头问好，对陌生人也应该以礼相待。话音不宜高，步态应该轻盈。当邀请舞伴，舞曲响起来的时候，男的应该主动走到女士面前，可行半鞠躬礼，并且轻声邀请，女方点头表示同意，然后才能并肩走入舞池。所以，礼仪是使人与人和谐相处的最好方法，这种方法，包含了尊重、亲切、体谅等意义，同时，也表现出个人的修养。

中国自古是一个礼仪之邦，中国人的民族性格较西方人含蓄得多，因此，更为讲究礼节。由于传统文化的束缚，很多人太重视繁文缛节，使得人们对"礼"的认识发生偏差。现代中国人的礼仪观念也日趋淡漠，以至于片面以为只有对长辈、上司或想讨好对方时才讲礼节，对晚辈或与自己没有利害关系的人就多此一举，甚至，有的人认为，礼貌只是社交上的一种手段。

其实人人都希望受他人尊重，都想活得理直气壮；一个人只有受到别人的认可和尊重，才能进一步肯定自己生命的意义。由此看来，尊重、体谅等礼节绝不是规章条文，也不是口是心非的问候，而是出自内心的真诚行为。

那么，如何让自己彬彬有礼，从而为自己的社交打开局面呢？

1. 握手

握手多数用于见面致意或问候，也是对久别重逢的亲友相见或辞别时的礼节。习惯上握手还是一种表示感谢或相互鼓励的表示，比如赠送礼品或颁发奖品后，都可以用握手来表示祝贺、感激或鼓励之意。

2. 点头

点头是与别人打招呼时使用的礼貌举止。通常多用于迎送的场合，尤其是在迎送有许多人时，用点头就可以向许多人同时致意，表示对见面的喜悦或对离别的惆怅。在其他场合有时也用到点头。

3. 举手

举手也是与别人打招呼时的礼貌举止，通常用于和对方远距离相遇或仓促擦身而过的时候。它的用意在于表示自己认出了对方，但因条件限制而无法站停施礼或与对方交谈，用这种随机的礼貌可以消除对方的误会，并感到与正常招呼差不多的满意。

4. 起立

起立是位卑者向位尊者表示敬意的礼貌举止，现常用于集会时对报告人到场或重要来宾莅临时的致敬。平时，坐着的男士看到站立着的女子，或坐着的年轻者看到刚进屋的年长者，或者在送他们离去时，也可以用短暂的起立来表示自己的敬意。

5. 欠身

欠身或者弯腰，都是向别人表示自谦的礼貌举止，也就相当于在向对方致敬。它与鞠躬的差别，只有程度上的不同而已，即鞠躬要低头，而欠身或弯腰仅仅是身体稍向前倾，但不一定低头，两眼也仍可直视对方。

6. 鼓掌

鼓掌是表示赞许或向别人祝贺的礼貌举止。通常用于在聆听别人的长篇讲话和讲演，看完、听完别人的表演、演奏之后，用以表示自己的赞赏、钦佩或祝愿。鼓掌一般出声，但也可以不出声而仅仅做出鼓掌的样子，不过应当让对方直接看到。

7. 拥抱

拥抱是表示亲密感情的礼貌举止，通常仅用于外事及送往迎来的特殊场合。有时，有前嫌的双方在误会消除时也常常用拥抱来表达一些难以用语言来说明的复杂感情。但这种表达方式我国在异性之间都比较慎重，轻易不大使用。

当然，表示礼貌的举止方方面面，这里只不过是提及其中比较常见的几种而已。从根本上说，这些礼仪举止是我们任何人都能做到的，只要在日常生活中留心，其包含的各种思想感情就会融入别人心田，受到别人的由衷称赞。这不仅说明你是一个礼貌的睿智者，更可以使你在人际交往中如鱼得水，顺畅自如。

智慧感言

好的礼仪能使人到处受尊敬受欢迎，因此，彬彬有礼是人际交往的基础，也是人们交际更具品位的基本要求。

努力提升自己的人格魅力

一个人能否迅速建立自己的关系网，这和他本人的魅力大有关系。春风过处枯木荣，贤士所至恶尽消。非凡的人格魅力，就像阳光雨露催使百花盛开一样，感染人鼓舞人。拥有并长期保持人格的魅力，就能够使他人萌生与之接触的渴望，受到别人的敬重。

周恩来的人格魅力所产生的力量，即使是当时站在国民党蒋介石一边的美国人约翰·塞维斯（国民党统治时期美国驻华大使馆的秘书）也不得不为之折服。下面是约翰·塞维斯在《洛杉矶时报》的一篇文章。

"凡是见过周恩来的人，没有谁会忘记他。他精神饱满，富于魅力，长相漂亮，这是原因之一。他给人的第一印象是他的眼睛。浓密的黑眉毛下边有一双炯炯有神的眼睛，在凝神看着你。你会感觉到他在全神贯注地看你，会记住你和他说过的话。这是一种使人立即感到亲切的罕有的天赋。1941年在重庆第一次会见他时，我的感觉就是这样。……在重庆和延安的那些日子里，同他谈话，每次都是思想智慧的交锋，愉快得很。他文雅和蔼，机警而不紧张，不会使人提心吊胆，幽默而不挖苦人，他能非常迅速地领会你的想法，但从来不在你表达遇到困难时表示不耐烦，他思维敏捷而不要花招，他言语如行云流水而不夸夸其谈，他总是愿意开门见山地谈问题，而又总设法寻找共同的见解。你看到的是这样一个人：思想活跃，

意志坚定，受过严格训练，头脑井井有条。当然，他在设法使我们趋向赞同他（和他的党）对中国和世界事物的看法，他自己对这些看法是深信不疑。但是这样做，靠的是冷静的说理，清晰温和的措辞，广博的历史知识和对世界的了解及深入掌握的事实和细节。"

良好的人格魅力就是一股巨大的力量，在无形中驱使着每一个与之接触的人都产生一种迫切的愿望——希望结识他，了解他。

在社交场合里，想受人欢迎，为大家所喜欢，就得充分展示你的人格魅力，去吸引别人。概括地说应该在如下的几方面培养你的人格魅力。

1. 培养高尚的品德

你应该心地善良，富有同情心，愿意帮助别人解决困难，而不是贪图私利，更不是损人利己。你还应该富有度量，能够容忍别人的过错，而不是待人刻薄。另外，你也应该具有正义感。

2. 富有情趣

你应该对人生有较为深入的理解，幽默风趣而不是嗜好恶作剧；你应该有一些健康高雅的喜好，你能够发现并充分享受生活的乐趣，并且能够帮助你身边的人发现人生的乐趣，而不是心胸狭隘悲悲戚戚，怨天尤人。

3. 勤奋好学

不能要求世界上所有人都能够知识渊博，但只要愿意，所有人都能够使自己不断地接近这一目标，因此你应该刻苦好学，不断更新充实自己，否则你就会有面临陈旧过时而遭到淘汰的危险。没有谁愿意接近那些思想保守眼光短浅的人。

4. 身体健康

强壮结实的体魄，是生活的基础。一个人体弱多病，生活和事业就缺乏牢固的基础；缺乏生存基础的人，他就难以有事业成功的希望。没有人愿意与一个没有希望没有前途的人接近。因此一个人应该保持自己的强健体魄，或者通过锻炼恢复健康，从而重燃人生的希望。

5. 仪表得体

你可以有自己的着装偏好，甚至你可以穿着拖鞋走进你的办公室而对别人的眼光置之不理,但你不要指望别人会喜欢你。一个人的仪表,是他内在的审美情趣以及他对别人态度的外在体现。没有人愿意接近一个缺乏审美能力或对别人缺乏最起码尊重的人。

智慧感言

如果你身体强健,仪表得体,热爱生活,心地善良,勤奋好学,还富有高雅的情趣,你就为自己准备了一个让别人欢迎你接纳你,理解你和支持你的充分的理由。

男人不可不知的社交禁忌

社交的负面影响不容忽视。有的人在与人交往时说了不适当的话,做了大家忌讳的事,以致得罪了身边的人。经验告诉我们,要想成为社交场上的赢家,必须懂得社交禁忌,谨慎为人,缄口自重,如此才能显示出男人的风度。

1. 千万不可言而无信

"君子一言,驷马难追",中国人历来把守信作为处世,齐家,治国的基本品质。人无信不立,如果一个人说话不算数,如果一个人的承诺只是一张"空头支票",那么,别人就会对此产生强烈的反感,这将使自己的名誉受损,使自己的事业受挫。

常言道:"一诺千金。"人与人之间的交往需要言而有信。因为诚信是为人的根本,是与人相处的基本准则。诚信会让友谊之花开得更艳,诚信会使生活的道路越走越宽。诚信待人诚信处世,这是与他人相处的基础。

2. 切忌飞短流长 搬弄他人是非

在社会中往往有这样一部分人,他们只看到别人的短处,而看不到别人的长处。当着别人的面,又不敢直言不讳地指出其缺点,而是在背后指指点点说三道四，结果闹得人心不欢，自己的声誉也受到影响。

"众口铄金，诋毁销骨"，足见人言可畏。在社会交往中，如果飞短流长，时常在人前人后论人是非，最终必将惹来更多的麻烦。和他人相处不要轻信谣言，更不能散布谣言，否则，人人会因厌恶离你而去。

3. 不要触及他人的伤疤

在社交场上，口若悬河滔滔不绝，这自然是许多人所向往的。然而，如果口无遮拦，说错了话，说漏了嘴，却往往很难补救。因为每个人都有自尊心，批评，指责，数落的话总会对他人造成严重的伤害。

有句老话叫做"祸从口出"。为人处世一定要把好口风，什么话能说，什么话不能说，什么可信，什么不可信，都要谨慎。口无遮拦，信口胡言，往往容易触及他人的伤疤，给自己的人际关系设置障碍。

4. 开玩笑要适可而止

在社会中与人相处，尤其是相知的朋友相聚，大家不免开开玩笑，互相逗乐，这样可以融洽关系，活跃气氛，增进友谊。朋友之间知根知底，无话不谈，原本是人生一大快事。不过，凡事都有利有弊，开玩笑也要合时适度，玩笑过头，乐极生悲。现实生活中因开玩笑而使大家不欢而散的事情屡见不鲜。可见，玩笑话还是应该慎重说，马虎不得。

5. 社交中不可贪图小利

人由于贪欲不止，斤斤计较，往往只见利而不见害，结果是利也没有得到，反而损失得更多。

贪图小利的人是不会有出息的，因为他们把个人得失看得过重。过于注重个人得失，就会使一个人变得心胸狭窄斤斤计较，目光短浅。正所谓"利令智昏"，贪图小利的人常常是"捡到芝麻，丢了西瓜"。

6. 巧诈之心使不得

巧诈就是运用欺骗的手段，使别人信服。巧诈或许可获得暂时的成功，尤其是在一次性人际交往中，即打过一次交道之后就各奔前程，互不相干了。在此情况下，实施巧诈的伎俩常常能够欺骗和迷惑对方，从而达到自己的目的，获得很大的利益。但是，如果长此以往，把巧诈当做交朋友的惯用手法长期使用，就会搬起石头砸自己的脚，弄巧成拙。

韩非子云：巧诈不如拙诚。心怀鬼胎，以别有用心的伎俩迷惑骗取他人的信任，这种做法只适用于一次性的交际。然而朋友之间毕竟长久相处，拙诚的人貌似愚拙，却因其诚而赢得别人对他的信赖。而巧诈的人一旦露出破绽，被人识破，便会失去别人对自己的信赖，朋友会对他唾而弃之。

7．与人交往千万别自命不凡

现代社交强调推销自己展示自己。引人注目，常常是获得人缘的重要因素之一。善于交际的人，总是最大限度地把自己的"闪光点"呈现于他人面前，如伶牙俐齿的口才，渊博的知识，温文尔雅的举止，乃至于巧妙的化妆，典雅的服饰，都能给人一个难以泯灭的印象。但是，清高自负，狂妄自大，自以为是，只能使社交变得毫无意义。

8．任何时候都不要情绪失控

在社会中与人交往，除非是致命的原则问题，否则不要让自己情绪失控。因为，情绪失控是一种歇斯底里有失理智的表现。不论你的心情好坏，只要在别人面前出现这种情况，别人对你的评价就会大打折扣，甚至会认为你易暴易怒，是一个"神经质"的人，这样一来，就会无形中影响到你事业的发展。

9．与人交往切忌临时抱佛脚

俗话说：冷庙热庙都要烧香。人与人之间的感情不是一蹴而就，而是日积月累培养起来的，朋友最不愿意接受的情况是当你用得着他的时候甜言蜜语，用不着的时候一脚踢开形同陌路。人情要平时一点点积蓄，临时抱佛脚是傻瓜才干的事。

男人的发展都离不开朋友，你的朋友当中，那些怀才不遇的人就是你的冷庙，你应该同热庙一样看待，时时去烧香，寸金之助，一饭之恩，往往使他终生铭记。日后他否极泰来，一定会加倍报答于你。

智慧感言

聪明的男人善于察觉自己在社交场合不利的一面,然后以最积极最有效的方法加以调整,以便建立最佳的关系,最大限度地发挥社交的作用。

做人不要太得意忘形

成功的男人善于用平和的心态来看待世间的一切,为人善始善终,既可以在卑微时安贫乐道,豁达大度,也可以在显赫时持盈若亏,不骄不狂。

人不可能一辈子春风得意,如果你在得意时飞扬跋扈,那么你失意的时候,别人也会同样对你。与其在那时感叹世态炎凉,不如在此时,就做一个谦逊有礼的人,这样才能赢得别人长久的尊敬。

无论你的成就有多高,一定要清楚天外有天,人外有人,虚心地取人之长,补己之短。诚然,谁都不可能成为无所不能、万事皆通的全才,然而,只要虚心向别人学习,善于把别人的长处变成自己的长处,那么他必定会越来越进步。取得点成绩便不可一世,这样的人多是小人得志。做事成功与否,心态很重要,要有胜不骄,败不馁的好心态。要知道,强中自有强中手!

古代有一位名叫张伦山的人,他的箭术精良,被喻为当时的第一神射手。有一次,张伦山在靶场练习射箭,旁边站着许多人观看;一个卖油的老人,挑着一副油担,也在旁边冷眼旁观。张伦山果然射艺非凡,不但箭箭命中目标,而且力道十足,支支穿透箭靶,因此,大家都一齐拍手叫好。只有这个卖油的老人微微点了几下头,表示出他并不十分佩服。

张伦山见状,便转头问这个卖油老人:"你也会射箭吗?"

"我不会射箭。"卖油老人摇着头回答说:"不过,你虽然射得很好,但也没有什么特别的地方,依我看,只是手法熟练罢了!"

张伦山有点发怒了，便说："你这老头子，你既不会射箭又这么小看人，真是岂有此理！"

"年轻人，请不要发怒！"卖油老人不慌不忙地说："我是卖油的，也从舀油上得了一点小经验，现在请你看一看吧！"卖油老人把一个盛油的葫芦放在地下，用一个铜钱放在葫芦口上，然后用油勺子将油从钱眼里沥下去。沥进去了许多油，可是一点也没有粘在钱眼上。

"你看！这也没有什么特别的，只是手法纯熟罢了！"卖油老人抬起头来，对张伦山说。

从此以后，张伦山再也不敢以射箭自夸。

历览古今，纵观中外，真正成功者往往只是少数。他们能保全自己，发展自己，并最终成就的秘诀就是：人生得意时勿忘形。

富兰克林年轻时是个才华横溢的人，但同时也很骄傲轻狂。

有一天，富兰克林去拜访一位老前辈。当他昂首阔步进门的时候，头被门框狠狠地撞了一下，奇痛无比。出门迎接的前辈看着他这副样子，笑笑说："很痛吧！可是，这将是你今天来访问我的最大收获。一个人要想平安无事地活在世上，就必须时时刻刻记住低头，这也是我要教你的事情。"

富兰克林猛然醒悟，也发觉自己许多社交失败和悲剧命运的真正原因。从此，时时刻刻不忘低头成为富兰克林一生的生活准则之一，他改掉了骄傲的毛病，决心做一个谦逊的人。也就是因为具有这一美德，他得到了人们的广泛支持，在事业上取得了巨大成功，成为美国开国元勋之一。

"得意不忘形"崇尚的是一种埋头苦干的作风，一种执著追求的精神，一种精益求精的风格，更是一个人立命安身的永久鞭策。

相传仓颉在黄帝手下当官。黄帝分派他专门管理圈里牲口的数目和圈里食物的多少。仓颉这个人很聪明，做事尽心尽力，很少出差错。可随着牲口及食物的储藏数目的变化，光凭脑袋记不住了。怎么办呢？仓颉犯难了。

这天他参加集体狩猎，发现人们看着地下野兽的脚印就可以认定前面有什么动物。仓颉心中猛然一喜：既然一个脚印代表一种野兽，我为什么不能用一种符号来表示我管的东西呢？他高兴地拔腿奔回家，开始创造各种符号来表示事物。果然，他把事情管理得头头是道。

黄帝知道后，大加赞赏，命令仓颉到各个部落去传授这种方法。渐渐地，这些符号的使用就推广开了，就这样形成了文字。

仓颉造了字，黄帝十分器重他，人人都称赞他，他的名声越来越大。仓颉就有点骄傲自大了，什么人都看不起，造字也马虎起来。

黄帝知道后很生气，就找来了最年长的老人商量，这老人已经120岁了，沉思了一会儿，他就独自去找仓颉了。

老人对仓颉说："仓颉啊，你造的字已经家喻户晓，可我人老眼花，有几个字至今还糊涂着呢，你肯不肯再教教我？"仓颉看这么大年纪的老人都这样尊重他，很高兴，就催他快问。

老人说："你造的'马'字，'驴'字，'骡'字都有四条腿吧？而牛也有四条腿，为什么你造出来的'牛'字没有四条腿，只剩下一条尾巴呢？"仓颉一听，心里有点慌了，原来他把"牛"字和"鱼"字造反了。

老人接着又说："你造的'重'字，是说有千里之远，应该念出远门的'出'字，而你却教人念成重量的'重'字。反过来，两座山合在一起的'出'字，本该为重量的'重'字，你倒教成了出远门的'出'字。这几个字真叫我难以琢磨，只好来请教你了。"

仓颉羞得无地自容，深知自己因为骄傲铸成了大错。他连忙跪下，痛哭流涕地表示忏悔。

老人拉着仓颉的手，诚挚地说："仓颉啊，你创造了字，使我们老一代的经验能记录下来，传下去，你做了件大好事，世世代代的人都会记住你的。但你可不能骄傲自大啊！"

从此以后，仓颉每造一个字，都要将字义反复推敲，还拿去征求人们的意见，大家都说好，才定下来，然后逐渐传到每个部落中去。

我们的智慧当然比不上仓颉，如果取得一点成绩就骄傲自满，那么离失败就不远了。其实世上的事情，没有什么是离开某个人就无法完成的，每个人都只是平凡的一个人，一些看似伟大的成就纵然不被这个人完成，也会被那个人完成。每个人在历史中的成就都是可以被替代的。所以，得意之时最好淡然一些。

智慧感言

"得意不忘形"不是自卑自贱，是有傲骨而不显傲气，自信而不自以为是，给自己留有余地。不张扬，成功了会有惊喜，失败了也不会招来冷语。

自嘲，是聪明人勇敢的表现

勇于自嘲，是一种积极勇敢处世的性格。面对困境，学会勇敢地自嘲，勇于承认自己的不足，能够宣泄积郁，制造快乐。

自嘲，是一面镜子，每当你对着它照的时候，看到的肯定不是你的优点，而是你的缺点。每当你在面对这面"镜子"时，也许你会并不满意地对着自己笑一笑，对着镜子里的你自嘲一番，此时你心中的烦恼也就将随风而去。敢于自嘲的人，往往是乐观豁达的人，有一种敢打敢拼，敢做敢为的性格。

美国总统林肯从小就有自卑感，他就是通过自嘲来克服自卑，培养自己成功的信念的。林肯相貌丑陋，但他不但不忌讳这一点，相反，他常常诙谐地拿自己的长相开玩笑。在竞选总统时，他的对手攻击他两面三刀，搞阴谋诡计。林肯听了指着自己的脸说："让公众来评判吧，如果我还有另一张脸的话，我会用现在这一张吗？"

对于每一个人来说，面子是一个大问题，因为人人都要争面子抢面子，不敢嘲笑自己就是为了不丢面子。其实，正是由于不敢自嘲，有很多人才丢了更大的面子。成大事者必须不怕丢脸面，放下架子，才能最后为自己挣回脸面。我们可以从林肯的身上发现，一个人生理缺陷越大，他的自卑感就越强，于是，成就大业的"本钱"也就越多。林肯身上的自卑感，已经变成他成功的"重要筹码"，而自嘲正是他自我超越的有利手段。

自嘲作为生活中的一种艺术，它具有协调心理和干预生活的功能。它不但能给人减少烦恼，增添快乐，还能帮助人更清楚地认识真实的自己，战胜自卑的心态，应付周围众说纷纭评价带来的负面压力，摆脱心中种种不平衡和失落的挫败感，获得精神上的满足与成功。一般人总以为嘲笑自己错了是一件非常丢脸的事，其实事情并非如此，嘲笑自己的过失也是一种学问。自嘲通常通过运用语言来完成，因此带有强烈的个性化色彩。

美国有一位著名演说家叫巴尔德，他头秃得非常厉害，在他头顶上很难找到几根头发。在他过生日那天，有很多朋友来给他庆贺生日，妻子悄悄地劝他戴顶帽子。卡瓦斯却大声对着客人说："我的妻子劝我今天戴顶帽子，但是你们不知道光着秃头有很多好处，比如说我是第一个知道下雨的人！"这句嘲笑自己的话，一下子使聚会的气氛变得轻松起来。

由此可见，敢于自嘲，还可以使人们扭转局面，摆脱窘境。其实，每个人都会有缺点，每个人的人生也都会有所缺憾，对人对事，谁都难免会遇上尴尬的处境。所以，当别人指出我们的缺点时，我们不妨笑着接受，因为那是你可能永远无法更改的现实。那些不愿意面对现实，甚至逃避现实的人，都不会心平气和地接受和看待别人的指责或批评，而会怒目相对或反唇相讥，这就会将气氛弄僵，使关系逐渐恶劣。

受到批评后反驳的人，之所以会有反常的激烈举动，是一种心理脆弱缺乏勇敢性格特质的表现。他们不愿承认别人所说的是真的，即使他们自己心里知道，也以为别人不知道。一旦别人挑明了，他们自然就承受不了，立刻激烈地百般狡辩抵赖。

而受到批评，能尽力改进，自嘲面对的人，一定是一个谦虚勇敢的人。身处在大千世界纷繁的环境，面对形形色色的人，不受到批评或嘲讽是不可能的，所以每个人都应该有意识地培养自己勇敢自嘲的能力，以帮助自己在人生的路上尽早达成自己的目标，实现自己的人生价值。

古时候，有一个文人叫梁灏，少年时曾立下誓言，不考中状元誓不为人。然而时运不济，屡试不中，受尽别人的讥笑。但梁灏并不在意，他总是自我解嘲地说，考一次就离状元近了一步。他在这种自嘲的心理状态中，从后晋天福三年开始应试，历经后汉、后周，直到宋太宗雍熙二年才考中状元。他写过一首自嘲诗：

天福三年来应试，雍熙二年始成名。

饶他白发头中满，且喜青云足下生。

观榜更无朋侪辈，到家唯有子孙迎。

也知少年登科好，怎奈龙头属老成。

勇于自嘲使梁灏走过了漫长的坎坷之路，终于成功，同时也使他长寿，活到九旬高龄。

在人生的旅途中，几乎每个人都会遇到一些让人难堪的场面。这时如果能沉着应对，学会自嘲，就会变被动为主动，保持心理平衡。适时自嘲，不仅能化解尴尬，也能免除可能发生的争吵。如果没有这份雅量，生活就会增添很多不愉快。学会自嘲是现代人平息心理烦躁的良药。

智慧感言

一个懂得并掌握"自嘲"方法的人，就等于掌握了摆脱困境制造愉快的能力和反嘲别人的武器。所以，在生活中，面对他人的指责嘲讽和批评，不妨让自己勇敢地面对，学会自嘲。

好形象是男人身份的象征

每天我们都出现于不同的场合，作为社交中的一分子，我们要做的就是让自己的动作与场合和身份相称。但是，偶尔一疏忽就会露出马脚，这个时候你不妨检查一下自己有什么不妥当。

我们来看看你的动作。你是否在当众打呵欠？在大庭广众中，你能忍住不打呵欠吗？打呵欠在社交场合中给人的印象是，表现出你不耐烦了，而不是你疲倦。

有些手痒的人，只要他看见什么可以用，就会随手取一支来掏耳朵，尤其是在餐室，大家正在饮茶吃东西的当儿，掏耳朵的小动作，往往令旁观者感到恶心，这个小动作实在不雅，而且失礼。

宴会席上，谁也免不了会有剔牙的小动作，既然这小动作不能避免，就得注意剔牙的时候不要露出牙齿，也不要把碎屑乱吐一番，否则是失礼的表现。假如你需要剔牙，最好用左手掩住嘴，头略向侧偏，吐出碎屑时用手巾接住。

有些头皮屑多的人，在应酬的场合也忍耐不住皮屑刺激的瘙痒而挠起头皮来。挠头皮必然使头皮屑随风纷飞，这不仅难看，而且令旁人大感不快。

有时候，由于自己不拘小节的习性，破坏了自己的形象，因此必须注意。

1. 手

最易出毛病的是手。把手掩住鼻子；不停地抚弄头发；使手关节发出声音；玩弄接过手的名片。无论如何，两只手总是忙个不停，很不安稳的样子。本来想使对方称心如意的，谁知道却因为这样而惹人厌烦。

2. 脚

神经质地不停摇动，往前伸起脚，紧张时提起后脚跟等动作，不仅制造紧张气氛，而且也相当不礼貌。如果在讨论重要提案时伸起脚，准会被人责骂。

如果是参加会议更不要当众双腿抖动。这种小动作多发生在坐着的时候，站立时较为少见。这种小动作，虽然无伤大雅，但由于双腿颤动不停，令对方视线觉得不舒服，而且也给人以情绪不安定的感觉，这是失礼的。同样，让跷起的腿儿钟摆似的耍秋千也是相当难看的姿态。

3. 背

老年人驼背是正常的事，如果二三十岁的年轻人都驼背的话，可就不太好了。我们主张挺直腰杆和人交谈。

4. 表情

毫无表情，或者死板的不悦的，冷漠的生气的表情，会给对方留下坏印象。应该赶快改正，不要让自己脸上有这种表情。为使说话生动，吸引对方，最好能有生动活泼的表情。

5. 动作

手足无措动作慌张，表示缺乏自信心。动作迟钝不知所措，会使人觉得没劲儿，而且让人觉得他难以接近。昂首阔步，动作敏捷，有生气的交谈等会使气氛变得开朗。所以，千万别忘记，人是依态度而被评价，依态度而改变气氛的。

智慧感言

每天我们都出现在不同的场合，作为社交中的一分子，我们要做的就是让自己的动作与场合和身份相称，千万别让小动作毁了自己的形象。

潇洒自如地与陌生人交朋友

一个人是否有人缘，对其事业的成功与否有着很大的影响。

说到人缘，也许首先想到的是老朋友，比如老同学、前辈、同乡朋友等。老朋友固然重要，但也要不断地建立新的人缘。只有这样，才能不断地通过新的人缘扩大自己的世界，开阔自己的视野。

那么，怎样才能和陌生人交上朋友呢？当然要有具体的行动，也就是说，一定要积极地走出去，扩大与人交往的机会。否则，人缘是不会主动走过来的。

一个人乘车出门，座位正好在驾驶员后面。不久，汽车抛锚了，驾驶员车上车下忙了一通，还是没有修好。这位乘客建议再查一遍油路。驾驶员将信将疑,下去查了一遍,果然找到了病因。于是,在开车的途中,乘客便与驾驶员交谈起来。

乘客:"你在部队待过吧?"

驾驶员:"嗯,待了六七年。"

乘客:"噢,算来咱俩还算是战友呢。你是哪个部队?"

一对陌生人就谈了起来,后来还成了朋友。

陌生人之间接触的头四分钟是至关重要的,当你在社交场合中遇到陌生人,你应把注意力集中在他身上四分钟。很多人的生活将因此而改变。

你可以注意到,有的人并不专注于自己刚认识的人,他们不断地东张西望,似乎在寻找更加有趣的人。这种人在社交场合往往不受欢迎。道理很简单,如果谁这样对待你,你也一定不会喜欢他。因此,当你被介绍给新朋友时,你应当尽量保持对别人的兴趣。具体要做到如下几方面。

1. 给人以真心的微笑

微笑表示我喜欢你,很高兴见到你,使我快乐的是你。不过,这必须是一种真正的发自内心的、令人感到温暖而又愉快的微笑。那种不真诚的微笑是骗不了任何人的。

2. 记住别人的名字

相传袁世凯有个特殊的本领,无论何人,只要他见过一次面,当第二次相见时即能说出对方的姓名。某学者与袁氏曾有一面之缘,某次因事到"总统府"拜访袁世凯,袁氏出来便直奔某学者,握手称某先生。当时座中候见的客人很多,但是袁氏特别器重这位学者,破例亲自来请他入室相见。对于袁氏能认得二次见面的客人,大家认为是个奇迹,当然这是袁氏的记忆力辨认行为异于常人,究竟有何特别方法,就不得而知了。

记住别人的名字,而且很轻松地叫出来,等于给别人一个巧妙而无声的赞美。因为大多数人对自己的名字比对世界上所有的名字加起来还要感兴趣。所以,有必要花一点时间,重复无声地把别人的名字根植在自己心中。

3. 做一个好的听者

一个跟你谈话的人,对他自己的需求、问题,要比对你的需求和问题感兴趣千百倍。诚心诚意地听别人讲话，正意味着你能给予他最大的赞美。这种赞美是暗示性的，也是那些希望向你倾吐心曲的人们迫切需要的。

4. 别忘了留下联系方式

当与新识者握手告别时，你可以打开你的备忘录请对方写下他的电话号码，你也可以把自己的电话号码告诉对方。如果有名片的话，彼此交换名片也可以。可以确信，当你找上门去的时候，对方一定会热情欢迎你，因为你们早已不再是陌生人了。

5. 在聚会中结识更多朋友

我们不得不承认，有时候，成功就来自于轻松的聚会——人们早在几百年前就开始在专门的鸡尾酒会上成交买卖了。只要有人聚会的地方，就会有新朋友出现。在我们的生活、工作中，各种聚会有很多。在这些场合，你将结识到很多陌生人。

男人要想获得成功，一定要积极地走出去，扩大与人交往的机会。只有结交更多的朋友，才能为你的发展增加筹码。

男子汉应当与羞怯绝缘

一个人有点害羞心理是正常的，只要不影响正常的交往就不算是弊病。有些人的害羞是短时间的，比如未成年的孩子，他们在来到一个陌生环境时，总免不了"老实"或"安静"一会儿，待混熟以后，便会与其他人像老朋友一样相处了。有些青年女子，在异性面前总是会显出几分害羞的样子，低头不语，偶尔说几句话也面带羞涩之色，很招人喜爱。但作为一个男人，如果也有着害羞的性格，对其发展就很不利了。

一些人在任何时间任何场合都有害羞心理，他们过多地约束着自己的

言行，不能充分表达自己的思想感情。他们不愿与人交往，不敢与人交往，这就属于不良的个性表现，需要加以克服和改变。

有些人生来性格内向，他们说话低声细语，见到生人就脸红，甚至常怀有一种胆怯的心理，举手投足寻路问津也思前想后。

有些人总认为自己没有迷人的外表，没有过人的本领，属能力平平之辈，因此他们在交往中没有信心，患得患失。长期的谨小慎微不仅使他们体验不到成功的喜悦，而且使他们更加不相信自己的能力。这种低估自己的认知偏差常常是导致害羞的最重要的原因。

据统计，约有1/4害羞的成人在儿童时期并不害羞，但是在长大后却变得害羞了，这都与他们的不自信或曾经遭受过挫折有关系。以前开朗大方，交往积极主动，但由于复杂的主客观原因，屡屡受挫而变得胆怯畏缩消极被动。

具有怯懦倾向的人，胆小怕事，进取精神差，意志薄弱，关键时刻总是退缩，不敢面对困难和压力，害怕挫折和失败，害怕别人讥笑和伤害。这类人比较保守，不求有功，但求无过，喜欢安稳，害怕创新和冒风险，遇事顾虑重重，患得患失，精神压力大。时间一长或遇强刺激，他们可由焦虑恐惧导致神经衰弱等身心疾患。

作为一个男子汉，要抛弃一切顾虑，远离羞怯，大胆前行，不要过多计较别人的评论。看到自己的力量，发现自己的闪光点，鼓起勇气，敢于迈出第一步。

万事开头难，当害羞者迈出可喜的第一步后，伴随着从未有过的成功体验和对自己的重新评价，便会开始相信自己的能力。随着与人的交往和自我意念的控制，害羞心理就会悄无声息地消失。

要远离怯懦，首先要增强自信和勇气。越是困难的工作，越要勇于承担，硬着头皮，咬紧牙关，强迫自己深入进去。随着时间推移，会由开始的生疏到后来的熟练，由开始的紧张到后来的轻松，慢慢体会到自己的力量，增强自信心和勇气。

智慧感言

羞怯是男人成功的绊脚石,作为男子汉大丈夫,应该培养自己成熟稳重、积极主动的性格,努力克服羞怯这块绊脚石。

男人要有气度和平常心

智慧的男人是睿智的,气度与平常心是睿智男人最有力的表现。

气度与平常心对男人至关重要,有了平常心,才能在生命的历程中从容不迫,处变不惊,才能面对生活的不公,人世的坎坷。很难想象一个心胸狭窄的人能在职场和日常生活中谈笑风生。没有气度的男人是很难成事的,因为没有气度便不能容人容事,也就不会有好的人际关系,当然也就很难取得好成绩。

公司公布了裁员名单,业务部的刘军和王宇在裁员之列,他们将在一个月后离岗。

那天,同事们看他俩都小心翼翼,更不敢和他们多说一句话,因为,他俩的面色都不太好看。这事摊到谁身上都不好受。

第二天上班,刘军的情绪很激动,谁跟他说话,他都没有好脸色,像吃了一肚子的火药,逮着谁就向谁开火。裁员名单是老总定的,跟其他人没关系。刘军心里也明白,可就憋气得难受,又不敢找老总去发泄,只好拿杯子、文件夹、抽屉出气。

不绝于耳的响声,把同事的心提上来又摔下去,办公室的空气都快凝固了。人之将走,其行也哀,谁忍心去责备他呢?

刘军仍不解气,又去找主任诉冤,找同事哭诉。

"凭什么裁我呀?我干得好好的……"说着说着,还大声地拍一下桌子。

不久,听说刘军托了一些人到老总那儿说情,好像都是重量级的人物,刘军着实高兴了好几天。不久又听说,这一次是"一刀切",谁也通融不了。刘军再次受到打击,他变本加厉,怨恨的目光在每个人脸上刮来刮去,好像有谁在背后捣他的鬼,他要把那个人用眼钩出来。许多人开始怕他,都躲着他。刘军原来很有人缘的,现在,他人未走,大家却有点讨厌他了,巴不得他快走。

同样的,裁员名单公布后,王宇也伤心了一晚上,第二天上班他也无精打采,可一到公司,他就和平常一样地工作起来了。

他心里想:"是福跑不了,是祸躲不过,反正这样了,不如站好最后一班岗,以后恐怕想干都没机会了。"王宇心里渐渐平静了,仍然勤快地打电话给客户,好像没有发生过裁员的事。

一个月满,刘军如期下岗,而王宇却被从裁员名单中删除,留了下来。主任当众传达了老总的话:"王宇这样的员工,公司永远不会嫌多!"

心胸狭窄,遇事情绪化的人,常常令人生厌。相反,拥有平常心大气宽厚的人却能给人一种亲近感,更能获得信赖,得到成功。

 智慧感言

作为一个男人,一定要大度。如果你抱着一颗平常心,放开自己的胸怀,拿出自己的气度,在日常的工作生活中,多多体谅别人,只管耕耘,少问收获,你最终必然会得到回报,而且是各方面的丰厚回报。

第二章 口才高手

——成功男人的谈话策略

我们要想成为社交高手，成为社交圈子里的焦点人物，除了得体的打扮和高雅的举止之外，更重要的就是我们的口才。在最短的时间之内，吸引众人的注意力，不断地抛出话题供人们谈论，不断说出具有吸引力和震撼性的话语，让其他人被你折服……这一切都需要我们拥有良好的口才。

好口才有助于男人成功

每一个人都知道诸葛亮舌战群儒故事。请大家想一想,假如诸葛亮只有能力,没有口才能行吗?正因为他有了口才,才能够做到以言动人。如果没有口才的帮助,即使是诸葛亮也很难成功。

每一个人在一生中都会接触到很多的人,与各种类型的人交流沟通。每一个人都需要依靠语言去实现自己的许多要求以及目标,所以生活是一连串的口才的发挥过程。你的口才决定了你的前途以及发展。

而当你身处困境之时,可能一句好话就能让你重新赢得主动权。周恩来总理在万隆会议上的表现就是所有男人学习效仿的榜样。

1955年,在亚非国家万隆会议上,由于一些国家对新中国不太了解,把我们国家当成了威胁和敌人,并出语咒骂。面对这样的情况,周总理觉得很痛心,所以,在会议上第二次发言时,他第一句话就直截了当地说:"我不是来吵架的,我是为了大家求同而来的。"他当时的态度十分诚恳而谦虚。总理的表现当场就打动了许多人,成为外交界传扬的佳话。就是这一句话起了扭转乾坤的作用。

因此,好口才是男人成功的第一要素。成功的男人能知道在什么样的场合该说什么样的话。就像做广告的人,他总会引导客户在做与考虑做两方面去思考,这样,他就能始终掌握着主动权。

现代社会,能者上庸者下。好口才是男人提高办事能力的必要手段。那些想在社会上找到适合自己位置的成功男人,应该把好口才视为自己取得成功的第一要素,这样对自己的工作会有相当大的益处。

男人的社交圈子错综复杂。对于成功男人来说,好口才已成为了决定自己生活及事业优劣成败的一个重要因素之一。通过一个男人每天所说的

话，可以判定他每天的工作生活情况。甚至一个男人每天的喜怒哀乐，都可以通过其言语来表现出来。

因此，男人要在社会上占有一席立足之地，就要做个有心人，掌握好说话和与人沟通的技巧，知道什么话能说，什么话不能说。要知道乱讲话会招来不必要的麻烦，影响了自己事业的升迁和人生的发展。

口才对成功男人的重要性，集中表现在职场上。假如你是位商务人员，做贸易也好，做管理也好，推销公关也好，商战也即舌战，口软一定利薄，不喜欢说话是不能够获得生意上的成功的；假如你正在求职，学会推销自己的优点，针对提问，不卑不亢地回答，那么要想获得这份工作就简单多了；假如你是位律师，唇枪舌剑辩论取胜就是一种职责。

1860年的冬季，整个伦敦被笼罩在纷飞的大雪之中，街头行人稀少。但是，却有一名衣着不整，神情忧郁的青年徘徊在当时英国巨富克尔顿爵士的宅院门口。据说那座宅院是当时伦敦最华丽的豪宅之一。

青年在门房那里软磨硬泡了两天了，要求晋见克尔顿爵士，说让爵士给他一份工作。可是，势利的门房就是不替他通报。在门房的讥嘲恐吓中，青年却丝毫没有离去的意思，而是一边跺着脚驱除寒冷，一边继续等待机会。第三天的早晨，克尔顿爵士出现了，他要去赴一个约会。这个时候，青年突然出现在到他的面前，诚挚地请求和他说一句话。

克尔顿爵士打量了一下这位陌生的青年，他显然饱受穷困折磨。心里感到有点惊奇的克尔顿爵士沉默片刻。或许是出于好奇，也或许是出于怜悯，对于青年的请求，克尔顿爵士微微地点了点头。克尔顿爵士原准备最多和青年谈两句话，谁知一讲就是几十句；接着一分钟过去了，一刻钟过去了，他还没有打断青年的谈话。终于在半小时之后，克尔顿爵士宣布取消赴约之行，而用隆重的待客之礼将青年请进自己的豪宅里。在克尔顿爵士的书房里，两人又亲密地交谈了一个下午。就这样，一直等到傍晚时分，克尔顿爵士宣布要为他安排一个重要职务。

一名穷途潦倒的青年，在半天之内，竟然获得如此令人羡慕的发展机遇，他成功的秘诀难道不正是他那流利动人的好口才吗？而那位青年，就是英国纺织业的巨头霍格。

在科技高速发展的今天，新鲜事物层出不穷，社会生活中处处都充满着更加激烈的竞争和挑战。在错综复杂的形势下，一个人若想做出一番成功的事业，实现人生的卓越，就更加不是易事。它需要多种才能和资本，而好口才，正是这些才能和资本中最有效的一种。

智慧感言

好口才是男人成功的第一要素。那些想在社会上找到适合自己位置的成功男人，应该努力训练自己的口才，这样对自己的发展会有相当大的益处。

让谈吐展现风度

谈吐是人的风度、气质的组成部分。谈吐不仅指言谈的内容，而且包括言谈的方式、姿态、表情、速度、声调等。文雅的谈吐是学问、修养、聪明、才智的流露，是魅力的来源之一。

与人交谈，既有思想的交流，又有感情上的沟通；任何语言贫乏，枯燥无味，粗俗浅薄，都会使人感到厌恶。如果一个人的谈吐既有知识趣味，又能用丰富的表情和磁性的声音来表达，那将会达到意想不到的效果。

言谈举止是一个人精神面貌的体现，要开朗热情，让人感觉随和亲切，平易近人，容易接触。要成为一个有风度的交谈者，说话时一定要泰然自若，落落大方，表情要自然，不要矫揉造作，尽量面带微笑。说话的语速适中，口齿清楚，不要含混；语调要尽量明朗，不要使用口头禅。当然可以加些手势姿态，但要有分寸。

言谈能反映出一个人为人处世的涵养功夫，要把握好分寸和态势。说

话把握尺寸，说得恰到好处，是一种修养一种水平，既不能喋喋不休，口若悬河，又不能该说话时却沉默寡言。言谈举止与人的性格有关，而影响一个人性格的许多因素是自己所无力控制的，这就意味着要使自己的言谈举止更具个性魅力，就必须下大力气去一步步地磨炼自己。

一个人所说的话是否有魅力，直接影响到他是否对对方具有吸引力，也关系到他是否具有良好的人缘，同时还影响到他能否自如地与别人说话，并表现出足够的自信。

你要想做一个成功者，首先就必须培养自己良好的说话的风度。所谓说话的风度，是指一个人的内在气质在言语上的表现，是一个人的涵养的外在表现。使自己的说话具有风度，是增强自己说话魅力的重要途径。良好的说话风度往往具有很大的吸引力。

在日常生活中，我们经常会遇到这种情况：同一句话，这个人说出来时我们很愿意听，而换成另一个人说，我们不但不愿接受，而且还会产生反感。为什么会这样呢？这就牵涉到一个人说话的态度问题。大家都知道，无论说什么话，最重要的是说话的态度。如果态度好，即使对方与我们有不同看法，也不妨碍双方继续谈下去；而如果态度不好，再好的话也无法继续谈下去。

我们说话的目的是为了把自己的意思告诉他人，让他们明白，了解或喜爱我们。如果说了话，别人没什么反应，甚至产生反感，那就没有意义了，说了还不如不说。

所以，适时地检点自己的言行对个人幸福是绝对必要的。我们常常在谈话中不自觉地犯这样那样的错误，碍于礼貌，也不可能有人公开来提醒我们，这只有靠我们自己留心自己的讲话，注意对方的反应，这样才能发现自己不适当的话题和词句。三思而后言就成为我们交谈时的准则，因为一些话语比打人更伤人心。

一则法国谚语说："语言造成的伤害比刺刀造成的伤害更让大家感到可怕。"那些刺人的反驳，那些溜到嘴边的刺人的反驳，如果说出来，可能会使对方太难堪。布雷姆夫人在其《家》一书中说："老天爷禁止我们说那些使人伤心痛肺的话，有些话语甚至比锋利的刀剑更伤人心；有些话语则使人一辈子都感到伤心痛肺。"

那么，我们到底怎样才能通过说话来展示自己的风度呢？最要紧的就是要学会说话，即掌握好各种说话的技巧和艺术。

（1）尽可能地赞美他人的优点，多谈愉快的事情。赞美和鼓励会使别人对你满怀好感和谢意。

（2）艺术地策略地表达不同意见。千万不要认为只有自己最伟大最高明，当然也不要心里有意见也不说或人云亦云。要诚恳地表达自己的看法，同时又不得罪人。这就要求你说话要温和委婉，尽量不要触怒对方，给对方足够的面子，同时也让他明白你的想法。

（3）善于了解对方的情感。只有在了解了对方的心理和情感的基础上，才有可能正确地选择该讲什么、不该讲什么，使对方与你产生共鸣，使说话的气氛变得轻松愉快。

（4）虚心地听别人讲话，不光是听语言，还要听语调。一个会说话的人往往也是一个高明的倾听者，对方才会愿意把你当做知心朋友，愿意向你吐露心扉。

（5）善用肢体语言。你的表情、手势甚至无意中的动作，都会对别人产生作用，你要注意这一点并加以适当运用。

（6）措辞尽量简洁高雅。不要讲让人难懂的词，不要滥用术语，要尽量使用适合对方的词语，尽量简明扼要地表达自己的意思。如果在说话时能措辞简洁生动，高雅又贴切，那么你就会成为一位言谈高手，交际明星。

（7）尽量避免讨论别人的短处，同时也不要胡乱恭维对方。对人客气本是一大优点，但过分地客气就让人不舒服了，会让人觉得缺乏诚意。恭维他人的话也一样，一不能乱说，二不能不分对象地套用同一个说法，三不可多说。总之，说话要谨慎。

（8）不要过分自夸。爱自我夸耀的人是找不到真正的朋友的。赞美自己的话，若出自别人的口，那才有价值。如果自己说过了头，别人会轻视你的。

（9）开玩笑不要过头，要适可而止，不要无休无止，不可令对方难堪。

（10）注意多充实自己。仅仅具备一般的谈话技巧是不够的，还要注意不断吸收各方面的知识，多读、多看、多听，只有这样，你才能不断有新鲜的话题，而且不论同什么人都能进行饶有兴趣的谈话。

在社交中，谈话要有节制，达意抒情，不能令人生厌。因为说话可能表现出你的开朗和诚恳，也可能表现出你缺乏自制力和虚伪。

嘴上要留个把门的

做大事的人都能沉得住气。有句俗话讲得好："言多必失。"如果一个人总是滔滔不绝地讲话，说得多了，话里就自然而然地会暴露出许多问题。谈话中流露出来，被你的对手所了解，从而制订出相应的策略来战胜你，你会不胜提防。

《孔子家语》中记载，孔子到周朝观礼，进了后稷的庙，见有三尊金铸人像，几次闭口不说话，而是在金人像背后题字："这是古时说话小心的人，要以他为戒啊！不要多说话，多说话就会多过失；不要多找事，多找事就多祸害；不要说没什么危害，那是很大的灾祸。"

综观中国历史，总有那么些人在为人处世方面受到很大的损失。蒙受这种灾祸的最根本的原因莫过于说话太多。

南北朝时，贺若敦为晋的大将，自以为功高才大，不甘心居于同僚之下，看到别人做了大将军，唯独自己没有被晋升，心中十分不服气，口中多有抱怨之词，决心与别人争个雌雄。

不久，他奉调参加讨伐平湘洲战役，打了个胜仗之后，全军凯旋，这应该算是为国家又立了一大功吧，他自以为此次必然要受到封赏，不料由于种种原因，反而被撤掉了原来的职务，为此他大发怨言。

晋公宇文护听了以后，十分恼怒，把他从中州刺史任上调回来，迫使他自杀，临死之前他对儿子贺若弼说："我有志平定江南，为国效力，而今未能实现，你一定要继承我的遗志。我是因为这舌头把命丢了，这个教训你不能不记住呀！"说完，便拿起锥子，狠狠地刺破了儿子的舌头，想让他记住这血的教训。光阴似箭，转眼几十年过去了，贺若弼也做了隋朝的右领大将军，他没有记住父亲的教训，常常为自己的官位比他人低而怨声不断，自认为当个宰相也是应该的。不久，不如他的杨素却做了尚书右仆射，而他仍为将军，未被提拔，他气不打一处来，不满的情绪和怨言便时常流露出来。

后来一些话传到了皇帝耳朵里，贺若弼被逮捕下狱。隋文帝杨坚责备他说："你这个人有三太猛：忌妒心太猛；自以为是，自以为别人不是的心太猛；随口胡说目无长官的心太猛。"因为他有功，不久便被放了。但他仍不吸取教训，又对其他人夸耀他和皇太子之间的关系，说："皇太子杨勇跟我之间，情谊亲切，连高度的机密，也都对我附耳相告，言无不尽。"

后来杨勇在隋文帝那里失势，杨广取而代之为皇太子，贺若弼的处境可想而知。

隋文帝得知他又在那里大放厥词，就把他召来说："我用高颎、杨素为宰相，你多次在众人面前放肆地说'这两个人只会吃饭，什么也不会干'，这是什么意思？言外之意是我这个皇帝也是废物不成？"贺若弼回答说："高颎是我的老朋友，杨素是我舅舅的儿子，我了解他们，我也确实说过他们不适合担当宰相的话。"这时因他言语不慎，得罪了不少人，朝中一些公卿大臣怕受株连，都揭发他过去说的那些对朝廷不满的话，并声称他罪当处死。

隋文帝见了，对贺若弼说："大臣们对你都十分的厌烦，要求严格执行法度，你自己寻思可有活命的道理？"贺若弼辩解说："我曾凭陛下神威，率八千兵渡长江活捉了陈叔宝，希望能看在过去功劳的份儿上，给我留条活命吧！"隋文帝说："你将出征陈国时，对高颎说，'陈叔宝被削平，问题是我们这些功臣会不会飞鸟尽，良弓藏？'高颎对你说，'我向你保证，皇上绝对不会这样。'是吧？等到消灭了陈叔宝，你就要求当内史，又要求当仆射。这一切功劳过去我已格外重赏了，何必再提呢？"贺若弼说："我确实蒙受陛下格外的重赏，今天还希望格外地赏我活命。"此时他再也不攻击别人。隋文帝考虑了一些日子，念他劳苦功高，只将他贬职为民。

父子两代人，同样是因言多而坏事，所以要忍那些不该讲的话，以免招致不必要的祸端。

一言既出，驷马难追。言辞不忍有百害而无一利。言多必失，话一出口，不加思考，匆忙之中妄下结论，所造成的影响，是再用几百句几千句话也弥补不了修正不了的。

智慧感言

"一言可以兴邦，一言可以误国"。有时候，你的一句多余的错话可能会给你的一生带来莫大的不幸。

烧香看菩萨，说话看对象

同样一句话，你对甲说，甲肯全神贯注地听，你对乙说，乙却环顾左右而言他。这时候对甲说，甲乐于接受，那个时候对甲说，甲觉得不耐烦。这除了表示甲乙两个人的生活环境不同，也表示甲前后的心情不一样。

当年赵高要陷害李斯，对李斯说秦二世的行为不对，劝李斯进谏，并约定秦二世空闲时候，代为通知李斯。有一天李斯应约进宫，二世正与姬妾取乐，看见李斯进来，心中很不高兴。而李斯却茫然无所知，正言进谏，

二世只好当场敷衍一下。等李斯一退出，二世便开始发牢骚，说丞相瞧不起他，什么时候不好说，偏在这个时候来啰嗦！

李斯的杀身之祸也就是因此而来。可见你要向对方说话，也应该注意什么时候最适宜。对方正在紧张工作的时候，不要去说话；对方正在焦急的时候，不要去说话；对方正在盛怒的时候，不要去说话；对方正在放浪形骸的时候，也不要去说话；对方正在悲伤的时候，更不要去说话。只要有上述几种情形之一，你去说话，一定会碰一鼻子灰，那样，不但说话的目的达不到，反而遭冷遇，受申诉也是意料中的事。

你有得意的事，就该与得意的人谈，你有失意的事，就应该和失意的人谈。和失意的人谈你得意的事，你不但不知趣，简直是挖苦讥讽他，你们的关系只会变坏，不会变好的。和得意的人谈你失意的事，他至多与你作表面的应付，绝不会表示真实的同情。有时还可能引起误会，以为你是要请他帮助，他会预先防备，使你无法久谈。所以你要诉苦，应找同情形的人去诉，同病自会相怜，不但能得到精神上的安慰，亦可稍叙胸中不平之气。你要谈得意事，应该向得意的人去谈，志同道合。年轻人涵养功夫不够，稍有得意的事，便逢人就说且自鸣得意，结果招人骂你器小易盈，笑你沾沾自喜，无意中还会惹起别人的妒忌。偶有不如意使你觉得满腹牢骚，如有骨鲠在喉，不免逢人就诉，结果惹人讨厌，说你毫无耐性，甚至笑你活该。

总而言之，你要说话，先要看准对象，他是愿意和你说话的人吗？如果所遇非人，还是不说为好；这个时候，是你要说话的时候吗？如果时候不对，还是不说话的好。说话的成功与失败，诚然与你的说话技巧有关，而是否得其人得其事，也与你说话的成败有很大的关系。

智慧感言

说话的关键是要看准菩萨烧好香，看准对象说好话，这样才有助于你的成功。

话不要说得太直

生活中有一些问题，无论我们怎么回答都是不对的，面对这样的问题，聪明的人通常会想办法巧妙地避开。

有这样一则寓言故事。

百兽之王狮子想吃其他兽类，但得找借口。于是张开大口让百兽闻自己的口是香还是臭。首先轮到狗熊，它闻后如实地说："有股肉的腥臭味。"

狮子怒道："你不尊重我，留你何用。"将它吃掉了。

第二天，轮到猴子来闻。鉴于狗熊的教训，它乖巧地说："哟，好一股肉的清香味啊！"

狮子又怒曰："你溜须拍马，留你何用。"又将猴子吃掉。

第三天，轮到兔子来闻。它知道，说臭要被吃掉，说香也要被吃掉，于是它凑到狮子嘴边，故意闻得十分认真，但却老不开口。

狮子急了，催它快说。

它便说道："报告大王，我昨晚受了风寒，感冒鼻塞，闻了这么久，实在闻不出是臭还是香。等我好了，鼻子通了，再来闻吧。"狮子无奈，只好放了它。

兔子正是巧妙地回避了这个难以答复的问题，才得以保全了自己的性命。

汉高祖刘邦就非常熟悉这种"回避"的技巧。

项羽称王后，想谋杀刘邦。范增出主意说："等刘邦上朝，大王就问他：'寡人封你到南郑去，你愿不愿意去？'如果他说愿意，你就说他意图养精蓄锐，有谋反之心，可以绑出去杀掉；如果他说不愿意去，你则以其违抗王命杀掉他。"

刘邦上殿后,项羽一拍案桌,高声问道:"刘邦,寡人封你到南郑去,你愿不愿意去?"

刘邦答道:"臣食君禄,命悬于君。臣如陛下坐骑,鞭之则行,收辔则止。臣唯命是听。"

项羽一听,无可奈何,只好说:"刘邦,你要听我的,南郑你就不要去了。"

刘邦说:"臣遵旨。"

刘邦的言语避开了项羽问话的前提,故意说对项羽忠心耿耿,"唯命是从",从而使项羽找不到借口杀自己,为自己日后卷土重来保留了机会。

为了保全自己的某种利益,你可以设法避开这类难于应付的问题。有时候为了照顾自己的面子,你也要学会避开别人的提问。

有这样一个善于闪躲质问的人,他回避问题的本领简直令了解他的人想大喊一声"太妙了"。例如,如果有人问他:"你可曾读过《堂吉诃德》?"他会回答:"最近不曾。"其实他根本没读过,然而谁会煞风景去破坏融洽的谈话气氛呢?

另有一次,有人问他可曾读过但丁《神曲》中的地狱篇,他回答:"英文本没读过。"旁人不禁肃然起敬。他这句百分之百的真话会让人产生误解:他读过这诗篇,他精通十四世纪的意大利文;他是纯粹文学主义者,不屑读翻译本,真高明。

另外,当你想指出别人某些缺点的时候,最好也不要直接地说出来,而要避开问题的关键改换一种方式来表达。

我国古时候,有一个县官很喜欢附庸风雅,尽管画术不佳,但兴致很大。他画的虎不像虎,反而像猫,并且,他还每画完一幅作品,都要在厅堂内展出示众,让众人评说。大家只能说好话,不能说不好听的话,否则,就要遭受惩罚,轻则挨打,重则流放他乡。

有一天,县官又完成了一幅"虎"画,悬挂在厅堂,又召集全体衙役来欣赏。

"各位瞧瞧,本官画的虎如何?"

众人低头不语。县官见无人附和,就点了一个人说:

"你来说说看。"

那人战战兢兢地说:

"老爷,我有点怕。"

县官:"怕,怕什么?别怕,有老爷我在,怕什么?"

那人:"老爷,你也怕。"

县官:"什么?老爷我也怕。那是什么,快说。"

那人:"怕天子。老爷,你是天子之臣,当然怕天子呀!"

县官:"对,老爷怕天子,可天子什么也不怕呀!"

那人:"不,天子怕天!"

县官:"天子是老天爷的儿子,怕天,有道理。好!天老爷又怕什么?"

那人:"怕云。云会遮天。"

县官:"云又怕什么?"

那人:"怕风。"

县官:"风又怕什么?"

那人:"风又怕墙。"

县官:"墙怕什么?"

那人:"墙怕老鼠。老鼠会打洞。"

县官:"那么,老鼠又怕什么呢?"

那人:"老鼠最怕它!"那人指了指墙上的画。

新来的差役没有直接说县太爷画的虎像猫,而是从容周旋,借题发挥,绕弯子似的达到了批评的目的。

巧妙回避不宜直言的问题,还有很多种不同的方式,你可以采用类比的方式,借助事实说话,也可以含糊其辞,在一些不必要不可能或不便于把话说得太实太死的时候,利用"模糊"语言让你的表意更有"弹性"。

智慧感言

生活中有一些问题，都是我们不宜直言的问题，无论我们怎么回答都是不对的，面对这样的问题，聪明的人通常会用"模糊"语言来回答。

一句话收买人心

人情话并不都是虚虚飘飘地闲扯，有的人情话并不是两嘴一开闭就能说出来的，而是需要一种宽阔的胸襟和做大事的气度。所以某些特定条件下，从某些特殊的人嘴里说出的一席人情话让人觉得千钧之重。大家对《三国演义》中刘备摔孩子收买人心的一段情节应该很清楚，说的是赵云大战长坂坡，九死一生救出少主刘禅，当他从怀中把仍在熟睡中的刘禅抱给刘备时，刘备接过来，"掷之于地曰：'孺子，几损我一员大将。'"果然，赵云泣拜曰："云虽肝脑涂地，不能报也。"

豁不出孩子打不着狼，关键是豁出孩子。这话说起来容易做起来难，因为他要付出很大的牺牲。

大同小异，作为领导者，身边没有一两个忠士是不行的。所以，领导者都习惯说一些收买人心的人情话来获得他人的忠诚。

秦穆公就很注意施恩布惠，收买民心。一次，他的一匹千里马驹跑掉了，结果被不知情的穷百姓逮住后杀掉美餐了一顿。官吏得知后，大惊失色，把吃了马肉的300人都抓起来，准备处以极刑。秦穆公听到禀报后却说："君子不能为了牲畜而害人，算了，不要惩罚他们了，放他们走吧。而且，我听说过这么回事，吃过好马的肉却不喝点酒，是暴殄天物而不加补偿，对身体大有坏处。这样吧，再赐他们些酒，让他们走。"过了些年，晋国大举入侵，秦穆公率军抵抗。这时有300勇士主动请缨，原来正是那群被秦穆公放掉的百姓。这300人为了报恩，奋勇杀敌，不但救了秦穆公，而且还帮助秦穆公捉住了晋惠公，结果大获全胜而归。

看来，领导让下属办事也要学会收揽人心，只有笼络住了下属的心，才能更好地让下属心甘情愿为自己效力。

当然，有些人情话好像分量并不显得多么重，但因为是在特殊人物的嘴里说出来，尽管轻描淡写，却也能收到奇效。

一次，宋太宗在园中饮酒，臣子孔守正和王荣侍奉酒宴。二臣喝得酩酊大醉，互相争吵不休，失去了臣下的礼节。内侍奏请太宗将二人抓起来送吏部去治罪，但是太宗却派人送他们回家去了。

第二天，他俩酒醒了，想起昨晚酒后在皇上面前失礼，十分害怕，一齐跪在金殿上向皇帝请罪。宋太宗微微一笑，说：

"昨晚，朕也喝醉了，记不得有这些事。"

宋太宗托词说自己也醉了，不但没有丢掉皇帝的体面，而且使这两个臣子今后也会自知警戒。宋太宗装糊涂，既表现了大度，又收买了人心。

历代统治者中，蒋介石运用这种手段达到了炉火纯青登峰造极的程度。1949年渡江战役前夕，国民党长江防务业已崩溃之际，蒋介石仍贼心不死，妄想以长江天险负隅顽抗。他亲自到长江前线去督战视察。当他查到一个坚守所时，这里的官兵正在闹哄哄地打牌。见蒋介石突然驾到，个个吓得呆若木鸡，心想必死无疑。出乎这帮官兵的意料，蒋介石不仅没有责备他们，没有借此整治军纪，以儆效尤，反而招呼他们坐下，陪他们再玩一会儿。众人不知蒋葫芦里卖的什么药，又胆战心惊坐在牌桌前大气不敢出地陪蒋出牌。其结果自然是蒋赢了。蒋站起身，扔下一句："打仗，我不行；打牌，你们不行！"就转身扬长而去。那几个官兵如梦初醒，竟然不相信死里逃生，赶紧抱着脑袋回到各自的防务处。蒋介石的这一招果然奏效，那几个官兵，为了报答蒋介石的不杀之恩，竟誓死坚守阵地，顽抗到底，最后都做了蒋介石的"替死鬼"。

蒋介石很懂得利用人情世故收买人心，他对属下的字号、生辰八字、籍贯记得滚瓜烂熟，很善于利用别人的生日大做文章，使部属每每感到受宠若惊。他为了掌握下属的情况，专门搞了一本小册子，记载着师级以上官员的字号、籍贯、生日、喜好、亲戚等一些基本情况。少将以上的官员他都要请到家里吃饭，饭后总要合一张影作为留念。这些做法无疑大大抬举了属下的身价。

雷万霆在调任他职时，蒋介石召见了他，并说："令堂大人比我小两岁，快过甲子华诞了吧？"雷万霆一听，眼泪都快下来了，激动地说："总统日理万机，还记着生母的生日！"蒋介石宽慰他说："你放心地去吧，到时我会去看望她老人家，为她老人家增福添寿的。"雷万霆看到蒋介石如此器重关心和赏识自己，自然死心塌地地为蒋卖命。

还有一次，蒋介石的头号秘书陈布雷过50岁生日。陈布雷是一个既不爱官又不贪财的知识分子，对待这种人，蒋介石也有自己的手腕。在陈布雷过生日的当天，蒋介石为他写了"宁静致远，淡泊明志"八个字，并附记："战时无以祝寿，特书联语以赠，略表向慕之意也。"这样几个字，成了陈布雷最好的生日礼物。正是这种意想不到的关心体贴抓住了陈布雷的心，他决心侍奉蒋介石终生，最后在极度失望中自杀，弃暗却不肯投明，也可以称其为蒋介石的铁杆追随者了。

平常人说话办事也应该这样，因为只有这样才能充分赢得人心。

智慧感言

成功的男人一定拥有好人缘。所以，成功者都习惯说一些收买人心的人情话来获得他人的忠诚。

不要轻易指责别人

每个人都不是完美的人，因此也不要用完美的标准去衡量他人。每当你忍不住要批评别人时，先想一想自己在这种情况下会怎样做。

富兰克林在年轻的时候,并不聪明伶俐,可是后来却成为处世成熟的人,甚至还担任过美国驻法国大使。他成功的秘诀是:"我不说任何人的不好!"

现实生活中,很多人在不了解实情的情况下,或者为了表现自己的优越感,他们动不动就说你这不对,那错了,声色俱厉,言词激烈,甚至侮辱谩骂。殊不知,即使你是对的,你可能就已经替自己这一辈子树立一个敌人了,并且随时有可能遭来报复。如果你想成功的话,就要最少地树敌,因为多一个敌人可能都是你成功路上的绊脚石。不轻易指责他人,你的人生会平坦很多。

一头小猪、一只绵羊和一头乳牛,被关在同一个畜栏里。有一天,牧人捉住小猪,小猪大声号叫,拼命反抗。绵羊和乳牛讨厌它的尖声号叫,便说:"他常常捉我们,我们都没有大呼小叫过。"小猪听了回答道:"捉你们和捉我完全是两回事。他捉你们,只是要你们的毛和乳汁,但是捉住我,却是要我的命呢!"绵羊和乳牛听了,都默不作声了。

从这件事推广开想,有不少事是与之类似的,所以不要轻易指责他人,一旦造成了伤害,不是几句"对不起"就能挽回的。所以,不要随便批评别人,因为你不是别人,就不能站在别人的角度和立场考虑和看待问题。

现实生活中,很多人往往控制不住自己的情绪,很容易就会指责别人。殊不知,即使你是对的,出发点是好的,但是你指责了对方,就会伤害了他,可能你就已经替自己这一辈子树立一个敌人了。如果你想处处受人欢迎,就要最少地树敌,因为多一个敌人可能都会使你生活道路上多一块绊脚石。不轻易指责他人,你的家庭会幸福很多,你的人生会平坦很多。

晓薇是硕士研究生,她的学术成就归功于她的执著与认真,而她的婚姻悲剧也归咎于她的执著与认真。

她的丈夫英俊、高大、诚实,但却不善做家务,还有晚睡晚起,不按时回家,不解风情,不够浪漫等缺点。这与她理想中的好丈夫相去甚远。她为了改变他,开始了认真细致的"教育工程"。

几乎每一天，她都要对丈夫的缺点作出分析，指出原因及改进办法，态度严肃，语气坚定，说得丈夫无力反驳。例如："你的责任心太差了"，"你怎么这么懒"等等。她用心良苦，希望丈夫改正。但她不明白，自己的道理说得越多越清楚，丈夫的心就越走越远。他回家比以前更晚了，他对她更加不体贴温柔了。

结婚五年后的一天，他竟没与她商量就调到另一个城市去工作了。她大为愤怒，在电话里对他进行了一小时的批评指责。不料，丈夫冷冷地抛下一句结束语："我们离婚吧！"

她当然不甘于求情，很快便办了离婚手续。当她再次回到只有母子二人的家时，不禁悲从中来。

晓薇在自己的专业领域是研究生，但在婚姻这个领域，也许只能算个小学生。学术上要求细致、严谨、认真；但与人相处，尤其夫妻相处时，却需要适当的姑息、原谅和包容。人与物的关系是简单的，但人与人的关系是复杂的互动的。随心所欲地去责备一个人，或伤害一个人，结果只能适得其反。

指责、埋怨、争执的结果，只会破坏沟通的气氛，伤害对方的感情，导致交流的失败。女人们应该记住：永远不要轻易指责批评他人。因为，批评一出口，就意味着伤害。

有些男人往往心直口快，从而口无遮拦，有时候甚至为了加强效果而出言不逊，容易得罪人。你要明白：往往一次草率直白的批评会让你丧失一个朋友，失去一个事业上的合作伙伴。

每个人都不是完美的人，因此也不要用完美的标准去衡量他人。一旦造成了伤害，不是几句"对不起"就能挽回的。每当你忍不住要批评别人时，先想一想自己在这种情况下会怎样做。记住下面几句话，你的人生会更美好：

一，即使对方的言行让你怒不可遏，也应先控制自己的情绪；

二，不要批评别人的行为，先站在别人的角度想想；

三，对于你不了解的人，绝对不要批评；

四，即使要批评，最好先加以肯定和鼓励。

**智慧感言**

批评会让他人觉得丢了脸面，自尊心受到了伤害，因此很有可能他们会对批评自己的人大发雷霆，最终造成双方不欢而散难以收拾的局面。

是非话不能随便说

第二次世界大战时期，美国著名将领麦克阿瑟说过："对于正面的敌人，我总能应付，但是对于背后的阻击，我却不能保护自己。"连麦克阿瑟这样叱咤风云的五星上将都对来自背后的恶意中伤无能为力。可见是非话的杀伤力非同小可。

一知名媒体曾在某地六十所中学 7820 名高中学生中作了调查，调查"你平时最害怕什么"。结果竟有一半左右的学生回答说："最害怕被人背后议论。""人言可畏"，可见一斑。

"大嘴巴"制造并传播是非，也使你的好人缘功亏一篑。"祸从口出"绝对是个真理，尊重别人对你的信任，管住自己的嘴巴，少参与是是非非，才是聪明之举。

在这个世界上，有人爱议论长短，有人爱搬弄是非，有人工于心计，有人意图不轨，有人为了个人利益不惜造谣中伤……人生就是如此，充满了各种流言飞语。所谓"不招人妒是庸才"，谁家背后不说人，谁家背后又不被人说？己所不欲，而施于人，这大概是人的劣根性之一吧！背后议论，人之常情。

一个人急匆匆跑到一位智者那里，气喘吁吁地说："我……有个好消息告诉你……"

"等等。"智者连忙打断了他,"你要说的话,用三个网过滤了吗?"

"三个网?什么三个网?"那人迷惑不解。

"第一个网叫做真实,你要说的事,是真实的吗?"智者问道。

"这,我也不清楚,我……是从路边听来的……"那人回想道。

"那用第二个网过滤一下吧,你的消息是善意的吗?"智者继续问道。

那人有点迟疑:"这个不是,是关于别人是非的。"

"最后一道网,既然你这么急着要告诉我事情,那么你要说的事情是很重要的吗?"

"其实也不重要……一点鸡毛蒜皮而已。"那人有点不好意思了。

智者断然说道:"既不真实,也不善意,更不重要,那么你还是别说了吧!"

一件事传来传去,到最后一定和原来的事实相差很远。因为讲的人不见得记得全,而听的人又往往会听错,同时传话的人或多或少都会加油添醋,多经过几个人的口和耳,自然就变样了。我们在听到一个消息之后,一定要经过证实才能采信,否则一再地错下去,就变成散播谣言了。

那么,应当如何对待是非呢?

1. 坦荡坦然　处之泰然

人生在世,全然不被人议论,是不可能的。背后议论,就其内容而言,有符合事实的,有不符合事实的;就其动机而言,有善意的,也有恶意的。但不管怎么,都应坦荡对待,为人不作亏心事,不怕半夜鬼敲门。"你说你的话,我做我的事",这是应有的对待流言的态度。

2. 保持自己的原则和本色

背后议论别人,是一种不道德的行为,我们绝不能轻信,更不能说三道四,搬弄是非,无意间就成为散播流言的小人。这样一来,你就中了造谣和不怀好意者的圈套,为他们所利用。所以,面对传言时,一定要有自己的原则和本色,不能为他人所左右你的观点和看法。

人的一生都难免会惹上是非,遭到他人不公正的评论和批评时,千万不要像对方一样失去理智,更不要恶语回应,保持沉默是获胜的唯一战术。你越回应,造谣者就越变本加厉,无中生有;你听之任之,流言就自动消沉了。哲人说得好:"棍棒、石头或许会击伤我的肌骨,但语言无法伤害我。"

智慧感言

对于流言飞语,可以用一句话对付——"走自己的路,让别人去说吧!"

巧妙地打开与他人聊天的话匣子

在人际交往中,不善于聊天,实在是一个相当尴尬的局面。找到恰当的聊天话题是打破这一尴尬局面最好的前提。

为了人生的快乐与幸福,如何巧妙地打开聊天的话匣子,不可不知,不可不学。

1. 聊天的话题就在你身边

假如你在码头上碰见一个熟人,大家一起上船,一时没有话说,这时最方便的办法,就是从当前的事物,那就是双方都同时看到、听到或感到的事物中,找出几件来谈。在码头上,在船上,耳目所及,正有成百上千的事物,如果你稍为留意,不难找出一些对方可能感兴趣的话题,也许是码头上面的巨幅的广告,也许是同船的外国游客,也许是海上驶过的豪华游艇,也许是天空飞过的新型客机……甚至于在对方的身上,都可以找到谈话的题材。如果他打的领带很漂亮,你可以问他在什么地方买;如果他身上穿着"金利来"衬衫,你可以问他这种衬衫究竟好不好,和广告上的宣传是否相符;如果他手上拿着一份晚报,看到晚报上的头条新闻,你可以问他对当前时局的看法等等,不一而足。

如果你到了一个朋友家里,在客厅里看到孩子的照片,你就可以和他谈谈他的孩子;如果他买了一架新的钢琴,你就可以和他谈谈钢琴;如果他的窗台上摆着一个盆景,你就可以跟他谈谈盆景;如果他正患着牙痛,他就可以跟他谈谈牙和牙医,关心对方的健康,往往是亲切交谈的话题。

凡是这一类眼前的事物,最容易引起人们的注意,只要其中有一样碰巧对方很有兴趣,那么,谈话就可以进行下去。

2. 在联想中切入话题

当我们的聊天中断的时候,我们怎样寻找新的话题呢?

在这种时候,不要心急,也不要勉强去找,否则会引起不必要的紧张,反而什么也想不出来了。要知道我们的脑子,只要是我们醒着,它总是在活动着的。你没有要它想,它还是不停地想,由东想到西,或者由天想到地……这种作用,我们叫它做"自由联想"。

譬如,当我们看到书桌上摆着一盏灯,我们的脑子就会从"电灯"出发,很快地联想到许多别的东西。

也许我们从"电灯"联想到"发明",从"发明"联想到"电影",然后是"演员"等等。

这一切,都是在瞬间发生的,也许只是半分钟内的事。

如果我们继续探究就可以发现,因为我们看见一个电灯,就联想到它是爱迪生发明的,又由爱迪生想到我们看过的电影《爱迪生传》,又由《爱迪生传》想到科学影片,又由影片想到电影明星……在刹那之间,我们已经有了不少交谈的题材。

当然,话题有时引不起对方的兴趣,但是只要我们不心急,不紧张,让我们的头脑在静默中自由地去联想,再过一会儿,我们就可能想到别的话题。

3. 围绕中心由点及面

倘若你要更进一步,不想东谈一点西谈一点,从一个主题跳到另一个主题,要想抓住一个主题,把它谈得详尽一点,深入一点,充分一点,那么，也有一个好办法可以帮助你思考。

这时你就不要让你的思想自由地联想，如果一个主题已经引起对方的兴趣，那么，你就以这个题材为中心，让你的思想围绕着这个中心去联想，然后再分门别类，整理出鲜明的系统。

例如，你刚刚参观过《自然艺术摄影展》，有了启发性的联想，已经找到一个使对方有兴趣的题材——植物。如果你想在这个题材上多停留一会儿，你就把"植物"作为中心，尽量去想与它有关的事物。

在这样做的时候，你的头脑也要保持着轻松活跃状态，那么，就会自然地想出许多与植物有关的事物，例如，热带植物、盆景，秋天植物如菊花等，就可以谈到植物的研究与栽培……

如果你的中心题材是"树"，你就可以想到风景树、花果树、著名的老树、著名的大树、与树有关的成语，以及树的各部分的用途……

如果你的中心题材是"交通"，那你就可以想到陆上交通、水上交通、空中交通以及交通工具如喷气机、火箭、太空船……

培养这种思考的习惯，那就无论何种题材你都能把它分解出无穷无尽的细节，而每个细节都可以用来发展你的话题，丰富交谈的内容。

倘若把你所想到的一切与你的生活经验结合，那么，你交谈的内容就更真切生动了。每一个人的生活里都有许多可以打动别人的事情，倘若其中有些事情正和大家谈的题材有关，把它拿出来作为谈资，这时，交谈的内容就因为加进了个人的亲身经历的材料而更使人觉得有兴趣。

4. 灵活地转换话题

在交谈中，灵活地转换话题也是一件很重要的事情。即使一个最好的话题也会有兴趣低落的时候，这时，善于交谈的人懂得在适宜的时机转换话题，不使别人生厌。

转换话题有三种很自然的方法。

（1）让旧的话题自行消失。当你觉得这个话题已经没有什么新的发展的时候，你就停止在这方面表示意见，让大家保持片刻的沉默，然后就开始另一个话题。

（2）把旧话题打断。可以在谈话进行当中很随便不经意地插入别的话题，把旧的话题打断。但不要使人觉得太突然，也不要在别人还有话要讲的时候打断它。

（3）从旧的话题往前引申一步，转换到新话题上。例如，大家在谈一部正在上映的好电影，等到谈到差不多的时候，你就说："这部电影卖座不坏，听说有一部新片就要开映。"新片又将吸引大家的注意力，这几句话就把话题转变了，可是大家的思想与情绪却还是连贯着的，所以，这是一个比较灵活妥善的办法。

有时候，交谈本身到了应该结束的时候，即使最有趣味的谈话有时也会因为客观条件的影响，非要结束不可。这时候，你要及时结束你的谈话，让大家高高兴兴地分手，不要等到对方再三地看表，不要忽略对方有结束交谈的暗示。

 智慧感言

在人际交往中，不善于聊天，实在是一个相当尴尬的局面。找到恰当的聊天话题是打破这一尴尬局面最好的前提。

适当的玩笑有助于调节人际关系

契诃夫说："不懂得开玩笑的人是没有希望的人！这样的人即使额高七寸——聪明绝顶，也算不上真正有智慧。"

人们都喜欢开玩笑，因为它可以使人放松，调节生活的色调。不知道您留心没有，当我们遇到不愉快的事情时，适当地开个玩笑，往往会产生奇妙的效果，使人解脱烦恼。

早期的火车并没有空调设备，乘客又不能随意地打开车窗，因为蒸汽

车头的煤烟,随时可以飘进车厢中,将每个人弄得灰头土脸。尤其在炎热的夏天,搭乘火车旅行,对当时的人们来说,真是件苦不堪言的差事。就在这样一班炎夏的火车上,车厢中的每个乘客都闷热难当,一阵阵汗臭飘在车厢之中,异常难受。

时间已过正午,当时火车上没有餐车,乘客要吃午饭,只有等火车靠站时,向站台上的小贩购买。

紧闭的车厢中,闷热加上饥饿,汗水和焦躁呈现在每个人的脸上,抱怨声此起彼落,车厢中除燥热不安外,又变得嘈杂纷乱。

突然,传来一声小女孩的尖叫:"妈,弟弟咬我——"众人的神经,不由得绷得更紧了,准备接受连珠炮似的母亲责骂声。在一瞬间的安静当中,只听到温柔的声音响起:"喔,从你手臂上的齿痕看来,弟弟是真的饿慌了。再忍耐一下,等火车靠站,妈妈买东西给你们吃,好吗?"

车厢内霎时变得清凉了许多,乘客焦虑的脸上,也多了一些甜甜的笑容。

有着高明的"说笑"技巧的人在人群里一向受欢迎。一旦遇到有什么状况发生,心胸宽大地拿自己来嘲笑一番,最能掳获人心。让人哈哈一笑,不但化解了尴尬,也缓解了大家的紧张情绪。

有一回,宰相王安石骑马游极宁寺,马儿由马夫牵着,王安石坐在马上放眼浏览四周的景致,心情十分愉快。

没想到,马夫一个疏忽,竟然让马儿受惊失蹄,王安石由马背上摔了下来,这下大伙儿吓坏了,尤其是马夫,紧张得手足无措。

众人赶快扶起王安石,幸好他毫发无伤。王安石看了看吓得直打哆嗦的马夫,一言不发地跨上马背,然后用马鞭指着马夫说:"幸亏我的名字叫做王安石,要是叫王安瓦,这下可要摔得粉碎了!"

一句话说罢,他用鞭子轻打了一下马屁股,继续向前行进,一句妙语让四周的人哈哈一笑,解除了紧张的气氛。马夫擦了擦额头上斗大的汗珠,松了一口气。

玩笑能帮助你轻松地面对自己。面对他人，面对一切不愉快，带给你温暖与和谐。因为，玩笑话是调节人际关系的润滑剂。

会听的耳朵胜过千言万语

在日常生活中，有很多性格内向，不善言辞的人，他们在与人应酬时，总是不知如何是好，不知道该说什么，不知道该做什么。所以每次应酬都像是在受罪，从而也便对应酬避之犹恐不及。但是人生在世，却又免不了要遇到这样或那样的应酬。在这样的情形下，既然"说"不是你的长项，你便不妨发挥自己"听"的长项。有时候，会听比会说更能赢得成功。

你不妨以一个忠实的听众的身份，认真地听取对方的每一句话。这样，在应酬中给人留下的印象，可能比那些会说的朋友给人留下的印象要深得多。于是，你便毫不费力地赢得了朋友。

倾听是一种能力，更是一种态度，是尊重别人，与人合作，友善待人，虚心求解的表现，是一个人文明交际的综合修养的表现。

同时，倾听也是褒奖对方谈话的一种方式，是接纳对方理解对方的具体体现。能耐心听别人的倾诉，就等于告诉对方你对他的观点持赞许的态度，无形之中就能提高说话人的自尊心和自信心。

1. 保持微笑

笑容可以将人与人之间的距离缩到最短。你应该相信这句话，当你与人应酬无话可说的时候，你不妨在脸上保持微笑便可以给对方一种亲切感，同时笑容还可以起到鼓励对方畅所欲言的效果。只要对方能够畅所欲言，你的"无言"便可以被遮过了。

2. 保持倾听的兴趣

人都有一种表现欲，而且都需要有听众/观众。所以当对方被你的微笑

所鼓励侃侃而谈的时候,你就要表现出对他的谈话内容感兴趣。你可以看着对方,表现出你对对方的充分信任,使对方无所顾忌。

3. 不失时机地表示赞同

在对方谈话的过程中,你可以不失时机地向对方点头,并且还可以辅以"嗯"、"唔"、"不错"、"是这样"、"对"之类的协助语,表示同意他的观点,这样会令对方的谈话兴趣越来越浓,从而避免了冷场。

4. 适当地称赞对方

无论什么人,在希望自己的观点得到别人赞同的同时,都希望别人那里得到一些称赞的话。所以在应酬中,你不妨多说一些诸如"在这件事上你比我强"、"你的观点很特别"、"你看得真清"等之类的赞语,虽然这些称赞仔细一想都似乎是一些废话,但就是这些"废话"往往会给你带来意想不到的效果。

5. 当好忠实的听众

有位电影评论界的朋友曾经说过这样的一句话:"现在的中国电影不是缺少演员,而是缺少观众。"我们可以从他的这句话里触及出一条经验,那就是:现在的应酬并不缺少会说者,而是缺少会听者。现在"能说会道"的人实在是太多了,而且大多数人都希望自己是那个"说"者而不是听者,因此在日常应酬中,"听众"便越来越少。

不善于应酬的人想在事业上获得成功,那是非常困难的。所以适当地学习一些应酬之道,对我们的生活及事业都是有百利而无一害的。性格内向不善言辞的朋友,不妨试一试以上的经验,如果做到了这五条,你肯定会在应酬中游刃有余。

 智慧感言

一个在人群中滔滔不绝讲话的人,很容易受到大家的关注,可是一个懂得倾听并善于鼓励别人的人,却能得到他人的好感和信任。倾听是在人与人交往中一项很重要的法宝,男人一定要拥有这项能力。

善说恰当的恭维话

赞美是对人的一种肯定，人人都爱听赞美的话。赞美适当，不致过度，是很能取悦人心的。对别人说赞美话，只要恰如其分，对方一定会很高兴，对你的好感也会增加。越是傲慢的人，越爱听赞美话，越喜欢听你的赞美。赞美的语言，对维系良好的人际关系会产生重要的作用，是调整心灵的润滑剂。

事实上，世界上没有人会对赞美无动于衷，只不过有人会赞美他人，有人不会赞美而已。大文豪萧伯纳曾说过："每次有人吹捧我，我都头痛，因为他们捧得不够。"可见，恭维绝对是放之四海皆准的原则，但关键是如何恭维得对方得意洋洋。

美国一家著名的地产公司要投资巨款在圣约翰建造一座纪念馆。为了承接建筑物内的坐椅，许多家具制造商展开了激烈的竞争，但是，找布拉德谈生意的商人们无不乘兴而来，败兴而去，一无所获。

正是在这样的情况下，一家名不见经传的公司经理——史密斯，前来会见布拉德，希望能够得到这笔价值九万美元的生意。

史密斯被引进布拉德的办公室后，看见布拉德正埋头于桌子上的一堆文件，于是静静地站在那里仔细地打量起这间办公室来了。

过了一会儿，布拉德抬起头来，发现了史密斯，便问道："先生有何见教？"

这时，史密斯没有谈生意，而是说："布拉德先生，在我等您的时候，我仔细地观察了您的这间办公室。我本人长期从事室内的木工装修，但从来没见过装修得这么精致的办公室。"

布拉德回答说："哎呀！您提醒了我差不多忘记了的事情。这间办公室是我亲自设计的。当初刚建好的时候,我喜欢极了。但是后来一忙,一连几个星期都没有机会仔细欣赏一下这个房间。"

史密斯走到墙边,用手在木板上一擦,说:"我想这是英国橡木,是不是?意大利橡木的质地不是这样的。"

"是的。"布拉德高兴得站起身来回答说,"那是从英国进口的橡木,是我的一位专门研究室内装饰的朋友专程去英国为我订的货。"

布拉德心绪极好,便带着史密斯仔细地参观起办公室来了,把办公室的所有的装饰一件一件地向史密斯作介绍,从木质谈到比例,又从比例谈到颜色,从手艺谈到价格,然后又详细介绍了他的设计经过。这个时候,史密斯微笑着聆听,饶有兴趣。

直到史密斯告别的时候,俩人都未谈及生意。你想,这笔生意落到谁的手里?是史密斯还是史密斯的竞争者?

史密斯不但得到了大批的订单,而且和布拉德结下了终生的友谊。为什么布拉德把这笔大生意给了史密斯?这与史密斯的口才十分有关。如果他一进办公室就谈生意,十有八九便要被赶出来。

史密斯成功的诀窍是什么?说来很简单,就是他了解谈话的对象。他从布拉德的经历入手,赞扬其取得的成就,使布拉德的自尊心得到极大的满足,把他视为知己,这笔生意当然非史密斯莫属了。

在这里,值得指出的是,并不是恭维别人就一定会收到预期的效果的。要奉承别人时,也不可以讲出与事实相差十万八千里的话。例如,你看到一位流着鼻涕又淘气的孩子时,你却对他的母亲说:"你的小孩看起来很干净!"对方的感受会如何呢?

所以,想把对方恭维得洋洋得意,也绝不是一件简单的事情,只有在人际场摸爬滚打多年的成功男人才能精通此道。

法国总统戴高乐在1960年访问美国时,在一次尼克松为他举行的宴会上,尼克松夫人费了很大的心思布置了一个鲜花展台,在一张马蹄形的桌子中央,用鲜艳夺目的热带鲜花衬托了一个精致的喷泉。

戴高乐将军一眼就看出这一定是主人为欢迎他而精心准备的，不禁赞不绝口："女主人真是用心，这么漂亮、雅致的计划与布置一定花费了很多时间和精力吧！"尼克松夫人听后，喜悦之情溢于言表。

也许在其他人看来，尼克松夫人布置的鲜花展台不过是她作为一位副总统夫人的分内之事，没什么值得赞美的；但戴高乐将军却能领悟到她的苦心，并因此向夫人表示了特别的肯定与感谢，从而使尼克松夫人异常高兴。

在这里，戴高乐的恭维之所以是成功的，是因为他知道，对于称赞尼克松夫人这样的出色的女性，与其称赞她最大的优点，不如发现她最不显眼，甚至连她自己也未曾发现的优点。那些小小的优点，因为从未有人发现或很少有人发现，因此也就弥足珍贵。而你的发现与称赞为对方增添了一份对自己的认识，也增加了一次重新评估自己价值的机会。这样，她怎么会不高兴呢？

智慧感言

恭维的话人人爱听，你对人说恭维的话，如果恰如其分，恰得其人，他一定十分高兴，对你产生好感。

巧妙拒绝是聪明人的选择

中国人拒绝别人，要对别人说"不"，似乎很不擅长。拒绝别人很容易伤害别人的感情，以致在人际关系上搞得很糟，还会造成许多误解，甚至引发纠纷。

有位作家，拿着他的新作品去拜访丘吉尔，坚持请丘吉尔一定要阅读他的作品。最后丘吉尔很严厉地拒绝说："我只看有趣或有益的书呀。"

在工作当中，如果不懂得拒绝的技巧，往往会吃亏上当的，因此，我们特别介绍下面的办公室内幽默的拒绝技巧。

吉姆是一位被公司冷落的老主任。有一天，某部门经理拍着他的肩膀说：

"吉姆，你看是不是要早日把你的职位让给年轻人！"

"好啊，就这么办！"

"咦，你愿意？"

"是啊！不过俗话说，'鸟去不浊池'。所以我有一个请示，希望能让我把正在进行的工作彻底做好再走。"

"哦，这是理所当然的，不过，你那个工作预计什么时候可以完成呢？"

"我想，大概还要十年吧！"

这回答乍一听，似乎是很大度的人，不计较个人利益，然后找了一个听来十分堂皇的借口"站好最后一班岗"，而部门经理不知道，这正是他回绝的理由，迂回中才表露出来。我们都不得不叹服这位老主任的幽默才能。

当我们想拒绝别人时，虽然心里面可能不愿意，但嘴上还是在说"行，好吧。"这种口不应心的做法，一方面是怕得罪人，另一方面是觉得不知该如何开口拒绝别人。

其实，说"不"也有技巧。

1. 沉默表示"不"

当别人问你"喜不喜欢某某人"时，你心里并不喜欢，这时，你可以不表态，或者一笑置之，别人即会明白。

一位不大熟的朋友送来请帖，邀请你参加晚会，你可以不予回复。它本身说明，你不愿参加这样的活动。

2. 用拖延表示"不"

一位女友想和你约会，她在电话里问你："今天晚上有时间吗？"你可以回答："明天再约吧，到时候我会给你电话。"

3. 用推脱表示"不"

一位客人请你替他换个房间,你可以说:"对不起,这得由值班经理决定,他现在不在。"

有人想跟你聊天,你看看表,"对不起,我还要参加一个会,改天行吗?"

4. 用回避表示"不"

你和朋友去看了一部恐怖片,出影院后,朋友问:"你觉得这部片子怎么样?"你可以回答:"我更喜欢抒情点的片子。"

5. 用反问法表示"不"

你和别人一起谈论国事,当对方问:"你是否认为物价增长过快?"你可以回答:"那么你认为增长太慢了吗?"

6. 用客气表示"不"

当别人送你礼品时,而你又不能接受的情况下,你可以客气地回绝:一是说客气话;二是表示受宠若惊,不敢领受;三是强调对方留着它会有更多的用途等。

智慧感言

拒绝别人也是有讲究的。拒绝得法,对方便心服口服;如果拒绝不得法,会使人感到不满,甚至对你怀恨在心。

第三章　难得糊涂

——精明男人处世有心计

难得糊涂是一种难得的品德，是一种大丈夫的气度，是一种放眼未来的襟怀，是一种超越俗世的大智大勇。人生处世，需要难得糊涂。掌握了难得糊涂，会使你恍然大悟，会带给你一种大智慧，会让你获得一种前所未有的达观和从容。

人生难得糊涂

"水至清则无鱼，人至察则无徒"。做人总是要模糊一些，不能对任何事都过于较真，要留出一线，该放别人一马时就放别人一马。过分计较个人的得失，过分计较别人的过错，不给别人留半点人情，就会堵住自己日后的退路。

因此，处世的智慧就是：得糊涂时且糊涂。正所谓：大智若愚。真诚、朴实、随遇而安是大智慧；钻营、取巧、哗众取宠是小聪明。小聪明者一生投机、忙碌，终被聪明所误；大智若愚者平凡、淡泊，但却一生平安。茫茫人海，错综复杂，很多非原则的事情不必过分纠缠计较，凡事都认真，只能给自己多设一条路障，多加一道樊篱。

三国时期，有两场睿智精彩的装糊涂表演：一是曹操、刘备煮酒论英雄时，刘佯装糊涂得以脱身；二是曹、马争权时，司马懿佯病巧装糊涂反杀曹爽。因此，后人总结道："惺惺常不足，蒙蒙作公卿。"苏东坡聪明过人，却仕途坎坷，于是他赋诗慨叹："人人都说聪明好，我被聪明误一生。但愿生儿愚且蠢，无灾无难到公卿。"

到了清代郑板桥更归纳出"难得糊涂"这句至理名言，称得上是集糊涂学之大成。郑板桥进一步概括道："聪明难，糊涂亦难，由聪明转入糊涂更难。放一着，退一步，当下心安，非图后来福报也。"做人过于聪明，无非想占点小便宜；遇事装糊涂，只不过吃点小亏。但"吃亏是福不是祸"，吃亏往往有意想不到的收获。"饶人不是痴，过后得便宜"，歪打正着，"吃小亏占大便宜"。成就大功业的人，不会去考虑琐碎的小节；干大事的人，不过多计较小事。想得到美玉的人，绝不计较白玉上的微瑕；欲得到好木头的人，绝不会去在意木头尾部虫蛀的小点。

当然，并不是在什么事上都糊涂，只能是在小事小节上糊涂，在大事上，在涉及原则问题时，千万不能糊涂，在大是大非面前绝对要态度鲜明，立场坚定；同时，还应记住的是只能对别人糊涂，宽以待人，不过分咬住别人的缺点不放，而对自己是千万不能糊涂的，要严于律己。

其实，生活中许多烦恼往往并不是由什么大事引起的，多来自微不足道的小事琐事，或者说恰恰来自对身边一些琐事的过分在意、计较和"较真"。因此，不为小事发狂是人生快乐的定理之一。那些凡事都与人计较的人，自以为很聪明，其实是以小聪明干大蠢事，占小便宜增大烦恼。这些人只想处处占便宜，不肯吃一点亏，到后来却是偷鸡不成蚀把米，"机关算尽太聪明，反误了卿卿性命"。而不在意乃是不争之争，无为之为，大智若愚，其乐无穷！

美国作家哈瑞·爱默生曾讲过这样一个故事：在美国科罗拉多州朗峰山坡上，躺着一棵大树的残躯。科学家告诉人们，这棵大树曾经有四百多年的历史。它发芽的时候，哥伦布刚在美洲登陆。它长了一半的时候，第一批移民刚来美国。在它漫长的生命里，曾经被闪电击中14次，经受过无数次狂风暴雨的袭击，但它从未被击倒，一直傲然屹立。最后，一些不起眼的甲虫的侵害却使它永远倒下了。那些小小的甲虫从根部咬起，渐渐伤了这棵大树的元气。虽然甲虫很小，力量有限，却是经常地持续不断地攻击。这样一棵森林中的巨木，虽然岁月不曾使它枯萎，雷电不曾将它击倒，狂风暴雨没能伤着它，却在用两个手指就能捏死的小甲虫的长期蚕食下倒下了。

经常因为小事而发生的烦恼，就如危害人生的"小甲虫"。西方有一根稻草压死一头牛的谚语：如果不停地一根根地往一头牛身上放稻草，最后总有一根会把牛压死。并不是最后一根稻草特别重，而是因为以前已经积累了很多的重量。

为此，我们需要学会糊涂，学会换种思维方式来面对眼前的一切。不要总拿什么都当回事，别去钻牛角尖，别太要面子，别事事小心眼；别把那些微不足道的鸡毛蒜皮的小事放在心上；别过于看重个人名利的得失；别为一点小事而着急上火，动辄大喊大叫，以至因小失大，后悔莫及；别那么敏感多疑，总是曲解别人的意思；别夸大事实，制造假想敌；也别像林黛玉见花落泪，听曲伤心，多愁善感，总是顾影自怜。要知道，人生有时候需要一点糊涂。

小事糊涂，也是在给自己设一道心理保护防线。不仅不去主动制造烦恼的信息来自我刺激，而且即使面对一些真正的负面信息不愉快的事情，也能处之泰然，置若罔闻，不屑一顾，做到"身稳如山岳，心静似止水"，"任凭风浪起，稳坐钓鱼台"。这既是一种自我保护的妙方，也是一种坚守目标排除干扰的良策。我们的精力毕竟有限，假如处处纠缠琐事，被小事所累，我们的一生必将一事无成。

当然，小事糊涂并不等于逃避现实，不是麻木不仁，不是看破红尘后的精神颓废和消极遁世；不是对什么都冷若冰霜无动于衷的加缪笔下的"局外人"，而是在奔向人生大目标途中所采取的一种洒脱，豁达，飘逸的生活策略。

智慧感言

小事糊涂的人，是超越了自我的人，也是活得潇洒的人。因为没有了琐事的羁绊和缠绕，也就使身心获得了解放，自有一片自由的天地任你驰骋。

大智若愚，大巧若拙

做人切忌恃才自傲，不知饶人。锋芒太露易遭嫉恨，更容易树敌。功高震主不知给多少下属臣子招致杀身之祸。与领导交往最重要的技巧就是适时"装傻"：不露自己的高明，更不能纠正对方的错误。

人际交往，装傻可以为人遮羞，自找台阶；可以故作不知达成幽默，反唇相讥；可以假痴不癫，迷惑对手。

你必须有好演技，才能傻得可爱，"疯"得恰到好处。谁不识假中真相谁就会被愚弄；谁不领会大智若愚之神韵，谁就是真正的傻瓜笨蛋。

作为一个人，尤其是作为一个有才华的人，要做到不露锋芒，不但要说服战胜盲目骄傲自大的病态心理，凡事不要太张狂太咄咄逼人，更要养成谦虚让人的美德。所谓"花要半开，酒要半醉"，凡是鲜花盛开娇艳的时候，不是立即被人采摘而去就是衰败的开始。人生也是这样。当你志得意满时，且不可趾高气扬，目空一切，不可一世，这样你不遭别人当靶子打才怪呢！所以，无论你有怎样出众的才智，但一定要谨记：不要把自己看得太了不起，不要把自己看得太重要，不要把自己看成是救国济民的圣人君子似的，还是收敛起你的锋芒，夹起你的尾巴，掩饰起你的才华。

宋代宰相韩琦以品行端正著称，遵循着"得饶人处且饶人"的生活准则，从来不曾因为有胆量而被人称许过，可是在下面两件事上的神通广大，才是"真人不露相"。

宋英宗驾崩时，朝臣急忙召太子进宫，太子还没到，英宗的手又动一下，宰相曾公亮吓了一跳，急忙告诉另一宰相韩琦，想停下来不再去召太子进宫。韩琦拒绝说："先帝要是再活过来，就是一位太上皇。"韩琦越发催促人们召太子，从而避免了权力之争。

担任入内都知职务的任守忠很奸邪，反复无常，秘密探听东西宫的情况，在皇帝和太后间进行离间。有一天韩琦出了一道空头敕书，参政欧阳修已经签了字，参政赵概感到很为难，不知怎么办才好，欧阳修说："只要写出来，韩公一定有自己的说法。"

韩琦坐在政事堂，用未经中书省而直接下达的文书把任守忠传来，让他站在庭中，指责他说："你的罪过应当判死刑，现在贬官为蕲州团练使，由蕲州发置。"韩琦拿出了空头敕书填写上，派使臣当天就把任守忠押走了。

韩琦轻易除去了任守忠，而仍然不失忠厚。所以大智若愚实在是一种人生的最高修养，也是一种人生大谋略。

大智若愚的人总有更多成功的机会。

南朝梁人羊侃，字祖忻，泰山梁父人。开始做北朝魏国的泰山太守。他的祖父羊规曾经是宋高祖的祭酒从事，所以羊侃想回到南方。归途中，走到涟口这个地方，大摆宴席。有个人名叫张孺才，喝醉了，造成船上失了火，烧了七十多艘船，烧掉金银财物不可计数。羊侃听说了，根本不挂在心上，还是要大家继续喝酒。孺才既惭愧，又恐惧，就逃跑了。羊侃派人去安慰他，并把他找回来，仍然像从前一样对待他。后来羊侃回到南朝，做了梁武帝的军司马。

大智若愚，从一个角度来说，也可理解为小事愚，大事明。对于人来说是一种很高的修养。所谓愚，并非自我欺骗，或自我麻醉，而是有意糊涂。该糊涂的时候，就不要顾忌自己的面子，自己的学识，自己的地位，自己的权势，一定要糊涂。由糊涂而转聪明，则必左右逢源，不为烦恼所扰，不为人事所累，这样也必会有一个幸福、快乐、成功的人生。

李白曾说："人贵藏辉。"杰出人物的可贵之处在于不夸耀自己不锋芒毕露。

凡事糊涂一点，才能够避开意想不到的冷箭；不露锋芒，与世无争，方能解得开天地所布下的罗网。

觉察到别人的欺骗而不在言语和态度上显露出来，你的诈谋就高于他的诈谋；受到别人的侮辱而不动声色，那么对方所受到的侮辱就超过了你所受的侮辱。这就是高人一筹之法，也是人生的一大享受。

喜欢揭发别人隐私的人必然使自己面临危险，甘愿装糊涂恰恰是保护自己的智慧；喜欢自我吹嘘的人常被别人取笑，卖弄聪明恰恰显出自欺欺人的愚蠢。

觉察到别人在弄虚作假而不动声色，装糊涂也是很有意思的。老子曰："善行无辙迹。"意思就是说善于行走的人不留下车痕足迹。那些有真才实学的人不愿意引起别人的注意和议论，不愿博取名声，他们只是悄然进行自己的事业。

聪明睿智的人，要用愚蠢自守；多闻善辩的人，要用浅陋自守；勇武刚强的人，要用畏惧自守；大富大贵的人，要用节俭自守；仁德广施天下的人，要用谦让自守。如此处世，就能避免招致损害。

锋芒太露而惹祸上身的典型在旧时是为人臣者功高盖主，打江山时，各路英雄汇聚一个麾下，锋芒毕露，一个比一个有能耐，主子当然需要借这些人的才能实现自己图霸天下的野心。但天下已定，这些虎将功臣的才华不会随之消失，这时他们的才能成了皇帝的心病，让他感到威胁，所以屡屡有开国初期斩杀功臣之事，所谓"杀驴"是也。韩信被杀，明太祖火烧庆功楼，无不如此。你不露锋芒，可能永远得不到重任；你锋芒太露却又易招人陷害。虽容易取得暂时成功，却为自己掘好了坟墓。所以才华显露要适可而止。

当今社会，此理仍然，与领导交往的技巧就是"故意装傻"。这点就是指不炫耀自己的聪明才智，不反驳对方所说的话。其实要做到这一点是非常不容易的，必须要有很好的演技才行。然而，不是人人都可以傻得恰到好处，如果没有掌握得恰到好处，反而会弄巧成拙。

智慧感言

"难得糊涂"历来被推崇为高明的处世之道。只要懂得装傻，你就并非傻瓜，而是大智若愚。

该装傻时就装傻

我们经常羡慕孩子的单纯、糊涂，因为糊涂让你心无杂念，糊涂也让你轻松处世。我们常说"难得糊涂"，意思是再聪明的人都有解不开的结，与聪明者周旋，不如以糊涂应对，这不仅是处世的学问，还是明哲保身的良策。当身处险地之时，"糊涂"也许就是最大的精明。

刘备建立起来的蜀汉王朝只统治了 42 年，就被魏国所灭。后主刘禅做了俘虏，他的一家和蜀国的一些大臣，都被东迁洛阳。当时，魏国虽是由曹操的后代做着皇帝，但其大权早已落在了西晋的开创者司马昭父子兄弟的手里。刘禅到了洛阳，司马昭便用魏元帝的名义，封他为安乐公，还把他的子孙和原来蜀汉的大臣五十多人封了侯。

按说，当时的晋王司马昭也应该是日理万机的了，有一天，他却大摆酒宴，请刘禅和原来蜀汉的大臣参加。宴会中间，还特地叫了一班歌女演出蜀地的歌舞。

一些蜀汉的大臣看了这些歌舞，想起了亡国之苦，伤心得几欲落泪。只有刘禅看得津津有味，就像在他自己的宫里一样。

司马昭观察了他的神情，宴会后，对贾充说："刘禅这个人没有心肝到了这步田地，即使诸葛亮活到现在，恐怕也没法使蜀汉维持下去，何况是姜维呢！"

过了几天，司马昭在接见刘禅的时候，问刘禅说："你还想念蜀地吗？"刘禅说："在这里很快乐，不想念蜀国。"这就是"乐不思蜀"成语的由来。

前蜀国秘书谷正同在洛阳，听说此事，连忙求见刘禅，说：如果以后晋王（指司马昭）还这么问你，你应该流着眼泪回答说："父母亲的坟墓都远在蜀地，一想起这事儿，心里就难过，没有哪一天不思念蜀国的。然后你就闭上眼睛，做出深沉思念的表情。"

不久，司马昭又问刘禅想不想蜀国，刘禅就如谷正说的那样对答，然后闭上眼睛。司马昭说："怎么竟像是谷正说的话呢？"刘禅吃惊地睁开眼睛，望着司马昭说："对，对，正是谷正教我的。"

司马昭不由得笑了，左右侍从也忍不住笑出声来。司马昭这才相信刘禅的确是个糊涂人，不会对自己造成威胁，就没有想杀害他。就这样，刘

第三章 难得糊涂——精明男人处世有心计

禅活到了公元 271 年，在洛阳去世。也许世人都会觉得刘禅是昏庸无道、没有骨气，可是在那样一种环境，他若是聪明如诸葛亮那样是司马所不容之人，又岂能如此逍遥。

而同样下场的南唐后主李煜作为亡国君主被俘到汴京，宋太宗派人监视他，发现李煜写了许多怀念故国的词，又后悔不该杀了替他保江山的大将。宋太宗觉得这李煜"贼心不死"，就用毒药把他毒死了。由此看来，刘禅当司马昭一再跟他提起故国的时候，表现得木讷无情，一副糊涂之极的样子，谁知这个昔日阿斗是真扶不起来的白痴，还是他为了保全身家性命的一种韬晦与心机呢！

糊涂有时候是种手段，就像变色龙以改变自己的颜色来保护自己的一种手段。

三国时的蜀将张裔，蜀郡成都人，在他担任益州郡太守的时候，当地一个大头领叫做雍闿的，背叛蜀国，把他抓起来送到吴国去了。后来吴蜀两国和好，诸葛亮派邓芝出使吴国，要他会谈之后请求孙权释放张裔。张裔被送到吴国好几年，他一直未过于显露自己的身份、才能。因此孙权不曾对他多加注意！于是邓芝一提起，他就同意释放张裔。待到张裔临走的时候，孙权才接见他。一来，孙权这人生性爱开玩笑，二来也是要试探一下张裔的才智如何，因而孙权问张裔说："听说蜀地有个姓卓的寡妇，私奔司马相如，你们那儿的风俗为什么这样不讲究妇道呢？"

孙权借了这个发生在蜀地的故事来取笑张裔。但这张裔也没示弱，对孙权说："我认为卓家的寡妇，比起朱买臣的妻子来，还是要贤惠一些。"张裔说的也是汉武帝时候的故事，不过发生在会稽郡吴县（今江苏省苏州市，三国时属东吴的地盘），有个叫朱买臣的，起初家里很穷，他妻子嫌他寒酸，弃他而去，后来朱买臣发迹，当了会稽郡太守，他的前妻又来依附他，最后到底感到羞愧，自己上吊死了。张裔用这个故事，对孙权反唇相讥。孙权没占上便宜，又换一个话题，对张裔说："你回去以后，一定被重用，不会做普通老百姓，你打算怎样报答我呢？"张裔巧妙地回避了如何报答孙权的问题,只表示很感激孙权释放他,说:"我是个有罪之人,回去将要交由国家去审理,倘若侥幸不被处死,58岁以前是父母给我的生命,从这以后就是大王您给我的了。"张裔这段话说得很得体,孙权很高兴,谈笑风生,并流露他很器重张裔的神色。

张裔刚辞别孙权走出宫廷的侧门,就很后悔在孙权面前过于表现自己的机智,认定孙权必会有所行动。于是立即动身上船,并以加倍的速度航行。而孙权也果然认定张裔是个难得的人才,怕他为蜀汉王朝效力,于自己更为不利,遂改变主意想收为己有,若不能为己所用,也不能让其成为自己的对手。于是立即派人来追,直追到吴蜀交界的地方,张裔已进入蜀国地界数十里了,追兵才无可奈何地回去了。

有时候糊涂是一种智慧,这就是"大智若愚"的体现。真正聪明的人会懂得在什么样的情况下,需要自己做出什么样的改变,才能最适合自己。

不要显示得比别人聪明

谁都希望自己聪明,但聪明不是说出来的,如果你真的很聪明,就不要说自己聪明。

19世纪英国政治家查士德裴尔爵士曾对他的儿子做过这样的教导:"要比别人聪明,但不要告诉人家你比他聪明。"

古希腊哲学家苏格拉底在雅典一再地告诫他的门徒:"你只知道一件事,就是你一无所知。"正所谓大智若愚,不要告诉人家你比他更聪明,也就是中国人常说的"守拙"。这是一种掩饰自己,保护自己,积蓄力量,等候时机的人生韬略,经常在敌对斗争中使用。

不要告诉人家你比他更聪明,这种韬略还可用来维持与改善同他人的关系，特别是当你发现了他人的错误而又不能不指出时，使用这一策略尤其重要。因为无论你采取什么方式直接指出别人的错误：一个蔑视的眼神，一种不满的腔调，一个不耐烦的手势，都有可能带来难堪的后果。因为这等于说"我会使你改变看法，我比你更聪明。"这等于否定了他的智慧和判断力，打击了他的自尊心，同时还伤害了他的感情。他非但不会改变自己的看法，还要进行反击，这时，即使搬出所有的权威理论和所有铁的事实也无济于事。为什么要给自己寻找麻烦呢？

因此，在指出别人错了的时候，不要告诉人家你比他更聪明。例如，你可以用若无其事的方式或者也许是你自己错了的方式提醒别人，提醒他不知道的好像是提醒他忘记了的，或者提醒他错了好像是他没说清楚似的。这将会收到神奇的效果，无论什么场合，谁都会反对你说他不对。

永远不要说这样的话：看着吧！你会知道谁是谁非的。这等于说：我会使你改变看法，我比你更聪明。这实际上是一种挑战，在你还没有开始证明对方的错误之前，他已经准备迎战了。为什么要给自己增加困难呢？

有一位年轻的纽约律师，他参加一个重要案子的辩论，这个案子牵涉到一大笔钱和一项重要的法律问题。在辩论中，一位最高法院的法官对年轻的律师说：海事法追诉期限是六年，对吗？律师愣了一下，看看法官，然后率直地说：不。庭长，海事法没有追诉期限。当时，法庭内立刻静默下来，似乎连气温也降到了冰点。虽然年轻的律师是对的，法官是错了，年轻律师也如实地指了出来，但法官却没有因此而高兴，反而脸色铁青，令人望而生畏。尽管法律站在他这边，但年轻律师却铸成了一个大错，居然当众指出一位声望卓著学识丰富的人的错误。

这位律师确实犯了一个错误。在指出别人错了的时候，为什么不能做得更高明一些呢？为什么要让他人觉得你更聪明呢？

科学家说人与其他动物的最大区别之一，在于人是一种有理性的动物，但并没有说人只有理性。实际上，感性的东西在我们日常行为中所起的作用，比理性所起的作用要大得多。"良药苦口利于病，忠言逆耳利于行"。

"口蜜腹剑非君子,防他背后暗伤人"。中国古人流传下来的许多警语是要人保持理性的清醒,尽量多听取一些逆耳忠言,但即使如此,人们还是愿意听到别人对自己正面的评价。那些即使是出自善意的指责和批评,往往也会引起人们的反感和抵制。人的这种反应,已经是一种有着深层心理基础的本能,而不仅仅是一时的冲动。即使人们在内心明白许多批评是真诚善意的,但在有人对自己的缺点或错误加以指责的时候,还是会感到非常不愉快的。

智慧感言

要比别人聪明,但不要告诉人家你比他更聪明,这需要宽广大度的胸怀。不要告诉别人你比他更聪明,才是聪明人的聪明所在。

以低姿态赢得他人的好感

如果你想把事情做成,就得以一种低姿态出现在对方面前,表现得谦虚、平和、朴实、憨厚,甚至愚笨、毕恭毕敬,使对方感到自己受人尊重,比别人聪明。在谈事时他就会放松自己的警惕性,觉得自己用不着花费太大精力去对付一个"傻瓜"了。当事情明显有利于你的时候,对方也会不自觉地以一种高姿态来对待你,好像要让着你似的,也就不会与你一争长短了。

其实,你以低姿态出现只是一种表面现象,是为了让对方从心理上感到一种满足,使他愿意合作。实际上,越是表面谦虚的人,越是非常聪明的人,越是工作认真的人。当你表现出大智若愚来,使对方陶醉在自我感觉良好的气氛时,你就已经受益匪浅,已经完成了工作的很重要的一半。

在生活、工作中,我们常常发现这样的人:他虽机智聪明,口若悬河,但一张嘴就使人感到狂妄自大,因此别人很难接受他的观点或建议。同时这种人往往以自我为中心，喜欢自我表现，唯恐他人不知道他有能力，处处显示出自己的优越感，从而企图获得别人的敬佩。然而结果常常适得其反，从而失去更多的人缘。

其实，以低姿态出现在他人面前，更加容易让对方认可接受，而毫不谦虚，妄自尊大，高看自己，瞧不起别人的人往往引起他人的反感，这种情况发展到极致，以至于他的结局只能是一个孤家寡人。

有位小杂志社的社长不管是什么场合都喜欢装腔作势，并且故意以降低自己的音调来表现庄重的样子。不仅如此，他还总是一副无所不知的样子，这种姿态让人觉得他好像在做自我宣传。然而，不论他怎么装腔作势，他出版的杂志或周刊永远上不了台面，他所出版的刊物总是被人批评为现学现卖，肤浅的杂学之流，这是因为他对任何事都喜欢插进一脚来评论。当他要开口说话时，旁边的人就说："天啊！又要开始了。"然后便咬着牙万分痛苦地忍着。这和说大话吹牛并无不同，自己本来没有高人一等的智慧，却装出一副什么都知道的样子．这样会被人看做是虚张声势的伪君子。

其实承认自己也有不知道的事并不丢人，为了要自抬身价而不懂装懂，一旦被对方看穿，反而会令对方产生不信任感而不愿与你交往。"闻道有先后，术业有专攻"，每个人都有自己的专长，不可能每件事都很精通。越是爱表现的人，越是无法精通每件事。交朋友应该互相取长补短，别人比自己精通的地方就应不耻下问，即使是自己很精通的事，也要以很谦虚的态度来展现实力，这样才能说服他人。

由此可见，还是以低姿态出现在他人面前，把优越感让给别人好，因为这样往往能赢得别人的信赖，与别人建立良好的关系。假如我们有一点小小的成就，我们应该以轻描淡写的态度来对待它，唯有如此，我们才能受到他人的拥戴。

智慧感言

　　以低姿态活动是一种社交策略，低姿态是一种表象或假象，是为了让对方感到心理的满足，使他对你消除戒备心理，使他乐于和你合作。

越精明的人越善于守拙

真正聪明的人，从来都是低调内敛的，他们从不自恃有才而骄傲自大，目中无人。俗话说："人心隔肚皮，虎心隔毛衣"，在人生的竞技场上，如果你真有才华，也千万别显示你比别人聪明，否则不仅会让你失去更多的朋友，还会招来忌恨。

在交往中，每个人都希望能得到别人的肯定。当我们让朋友表现得比我们聪明时，他们就会有一种得到肯定的感觉；但是当我们表现得比他还聪明时，他们就会产生一种自卑感，甚至对我们产生敌视情绪。因为谁都在自觉不自觉地强烈维护着自己的形象和尊严，如果有人对他过分地显示出高人一等的聪明感，那么无形之中是对他自尊的一种挑战与轻视，排斥心理乃至敌意也就应运而生。

中国人自古以来就讲究"守拙"。"守拙"即在别人面前故意掩盖自己的聪明才智，让别人觉得比自己聪明，以赢得别人的好感。可以说，"守拙"是一种掩饰自己，保护自己，积蓄力量，等待时机的人生韬略，更是一种做人的大智慧。

赵公是某市的领导。两年前的初夏，赵公去省里参加科技方面的一个会议，他决定要带个懂科学的技术人员一同前往。于是学土木工程的大学毕业生，当时在科委当干事的小钱便轮到了这个美差。

开会期间，白天的宴席上，推不掉的酒有人代喝了；会议中的科技名词，有同音译传到耳中。晚上看文件，觉得口渴，一杯热茶已放在手边；身上觉得热时，定了向的摇头电扇及时地送来徐徐的凉风。他扭头一看，对自己体贴入微的小钱正在看书，头上脸上满是细汗珠子。

开会回来之后不久，小钱便成了赵公的秘书。

小钱当了秘书后，发现赵公爱下象棋。于是他参加了市象棋大赛，并赢得了冠军，却谦虚地说只是随便下下。

该市棋坛不乏高手，冠军岂是随便下下就可以弄来的？从那以后，闲暇无事，赵公便叫小钱陪他下几盘棋。

其实，小钱是位家学渊源的棋手。他还没上学就跟颇有造诣的爷爷学棋。爷爷不仅向他传授棋艺，而且教诲棋德，告诫他不可恃强凌弱，如碰到棋艺不高，又以权势压人的人不可故意失棋，否则失棋即是失德。

小钱明白，根据赵公的脾气，既不能胜他，以免背上骄傲自满的罪名；也不能轻易让他取胜，让他认为自己没有本事。于是，赵公和小钱下棋，竟成了一种乐趣。每次和人说起他的秘书，老赵总说："人聪明，但不骄傲，难得。"小钱很快被提升为市委办公室主任。

第二年春天，小钱正要报名参加某市象棋大赛。赵公叫他也给自己捎带报个名。赵公虽爱下棋，却从未参加过本市大赛，他怕输了，脸上不光彩，但经过与小钱这个上届冠军经常对抗，颇增了几分自信，他觉得应向全市人民显示一下自己的棋艺和智慧。

文化宫孙主任深知赵公的棋风。当年他在文化局当干事，就是因为和老赵下棋发生了争执，从此长期得不到提拔。小钱以孙主任过去的遭遇为鉴，决定要在这盘棋上做点文章。他要求赵公只参加决赛。

决赛开始了，小钱和赵公对决。经过三个多小时的拼搏，终于赵公获胜了。周围一片溢美之词。赵公也不禁露出了一副"一览众山小"的神情。

不久，赵公退居二线时，极力推荐小钱接替他的工作。他在给省委的报告中强调，小钱不仅符合提拔干部的标准，而且具有谦虚谨慎好学的品质。

学会"守拙"，这是一种做人的韬略。特别是当你发现自己的才能的确在别人之上的时候，尤其是这个人不是别人，而是你的上司的时候，使用这一策略更加重要。如果你表现得比上司聪明，就等于否定了他的智慧和判断力，打击了他的自尊心。所以，当你完全有能力胜出的时候，也要守拙，不要显示出你比上司更聪明。

智慧感言

聪明是好事，但是如果你把这当做向别人炫耀自己的资本，过分外露自己的聪明才华，那么终究会得不偿失，甚至会导致你人生的失败。

让别人表现得比自己优秀

法国哲学家罗西法古说："如果你要得到仇人，就表现得比你的朋友优越吧；如果你要得到朋友，就要让你的朋友表现得比你优越。"

这是为什么呢？因为当我们的朋友表现得比我们优越，他们就有了一种自己是重要人物的感觉；但是当我们表现得比他还优越，他们就会产生一种自卑感，造成羡慕和忌妒。

亨丽塔在公司里人缘极好，但是过去的情形并不是这样。在她初到公司的头几个月当中，亨丽塔在她的同事之中连一个朋友都没有。

为什么呢？因为每天她都使劲吹嘘她在工作方面的成绩，她新开的存款户头，以及她所做的每一件事情。

"我工作做得不错，并且深以为傲。"亨丽塔对一位做心理医生的朋友说，"但是我的同事不但不分享我的成就，而且还极不高兴。我渴望这些人能够喜欢我，我真的很希望他们成为我的朋友。在听了你提出来的一些建议后，我开始少谈我自己而多听同事说话。他们也有很多事情要吹嘘，把他们的成就告诉我，比听我吹嘘更令他们兴奋。现在当我们有时间在一起闲聊的时候，我就请他们把他们的欢乐告诉我，好让我分享，而只在他们问我的时候我才说一下我自己的成就。"

苏格拉底在雅典一再地告诫他的门徒"你只知道一件事，就是你一无所知。"

　　无论你采取什么方式指出别人的错误：一个蔑视的眼神，一种不满的腔调，一个不耐烦的手势，都有可能带来令人难堪的后果。你以为他会同意你所指出的吗？绝对不会！因为你否定了他的智慧和判断力，打击了他的荣耀和自尊心，同时还伤害了他的感情。他非但不会改变自己的看法，还要进行反击，这时，你即使搬出所有柏拉图或康德的逻辑也无济于事。

 智慧感言

　　让别人表现得比我们优越，他们就有了一种自己是重要人物的感觉；但是当我们表现得比他还优越时，他们就会产生一种自卑感，造成羡慕和忌妒。

做人不要锋芒毕露

　　"人不知，而不愠，不亦君子乎！"可见人不知我，心里老大不高兴，这是人之常情。尤其是年轻人，总是希望在最短时间内使人家知道你是个不平凡的人。于是，很多人为了让更多的人认识自己，注意自己，就不自觉地露出了锋芒。

　　无疑，锋芒是刺激大家的最有效方法，但既是锋芒就会给人造成伤害。那些经验老到的人都有一个共同的特点，那就是"和光同尘"，毫无棱角。从表面上看，个个都好像是庸才，其实个个都是深藏不露。不是他们不够聪明，而是他们懂得藏锋露拙对自己的好处。

　　如果一个人做事毫无顾忌，言语锋芒毕露，便会得罪人，被得罪了的人自然会对他心怀不满，甚至成为他的破坏者。那么，当他的四周都是阻力或破坏者的时候，其立足点都没有了，哪里还能实现扬名立身的目的？

　　许多专家提出，要想在单位里出人头地，就必须十分巧妙地使自己成

为引人注目的焦点，而不是过早地崭露锋芒。有人将各种影响人们事业成功的因素作了如下的划分：工作表现只占10%，给人的印象占30%，而在单位里曝光机会的多少则占60%。

在我们这个时代，工作表现好的人太多了。工作做得好也许能多拿些奖金，但是，干得好并不意味着能够获得晋升的机会。晋升的关键在于你懂不懂在适当的时间"装装傻"。

许多人认为，自己努力工作，领导却不重视自己，不提拔自己，不给自己的机会是因为自己表现不够。其实，关键也许是你锋芒毕露，得不到老板的欢心，白白失去了大好机会！

智慧感言

只要你有真才实学，就一定会被人看见。不要以为提高个人知名度的唯一方法就是锋芒毕露，偶尔装一下傻，一样可以增加你的机会。

放下架子人缘会更好

一个人要想孤立自己并不难，只要自视高人一等就足以奏效。低调做人，意味着你必须丢掉一些东西，比如身份感、优越感、尊贵感、荣耀感等。

人是有级别的，这一点不可否认，但不把级别当资本却不是一般人都能做到的。更有甚者，有些人当了芝麻粒大的小官，便不知天高地厚，不管在哪里都摆臭架子。

人缘是日积月累的善意。大善可以成圣，小善可以成贤。

第二次世界大战胜利前夕的一次进攻战役期间，美军将领艾森豪威尔在莱茵河畔散步，这时有一个神情沮丧的士兵迎面走来。士兵见到将军，一时紧张得不知所措。艾森豪威尔笑容可掬地问他："你的感觉怎么样，孩子?"士兵直言相告:"将军,我特别紧张。"

"噢。"艾森豪威尔说:"那我们可是一对了,我也同样如此。"几句话,便把那个士兵精神放松下来,很自然地同将军聊起天来。

放下你的架子就是不要高高在上,这是一种领导艺术,它可以使领导与被领导者之间拉近距离,从而使下级觉得你平易近人,会对你越发的尊重。

电视剧《宰相刘罗锅》中有一段写实很值得人们玩味和思考。

彼时,官道上缓缓驰来两头毛驴,驴后还跟着一个人。众人正收拾东西,谁也没在意。那两头驴竟下了官道,向接官亭驰来。捕快朱文一见,提着水火棍怒喝道:"呔,骑驴的瞎眼了,这是接官亭!再往前走,小心把驴腿打折了。"

不料,前面的骑驴人哈哈一笑,说道:"我就是奔接官亭而来的!"

朱文一怔,仔细打量来人,前边这位,四五十岁模样,瘦巴巴的,虽然穿着长衫,却是一身的寒酸相,至多是个小行商。后边的那位,倒是年轻,却是一身仆人打扮,低眉顺眼,一看就知道是做奴仆的。最后那位步行者显然是个赶脚的,脸上布满灰尘,被汗水一冲,横一道,竖一道,像个唱花脸的。

朱文大怒:"大胆刁民,竟敢来接官亭胡闹,不怕吃板子吗!"

他话音未落,后面骑驴的年轻人赶到面前问道:"你们在此接迎的是哪位官人?"

"是从安徽调来的新任江宁知府刘大人。"

"你们看,这位就是刘大人。"

"胡说!"朱文举起水火棍要打人,骂道,"刘大人乃是朝廷命官,一定是八面威风,哪有骑驴上任的?你们敢冒充朝廷官员,不是找打吗?"

这时,赵武等人也围了上来。毕竟是捕头,赵武比朱文稳重一点儿,听对方出语不凡,便仔仔细细地围着两人看了一遍,见那位四十多岁的主子后背隆起,正是罗锅。

刘墉下驴的第一句话是:"张成,可别忘了给人赶驴的脚钱。"

在接官亭的人在此恭候的目的一是接刘墉,二就是要按惯例吃一顿,经过寒暄之后,这些人就请刘墉进了饭馆。

刘墉深知众意,轻松地一笑说:"列位放心,贱内深知本府的肠胃,早就准备着呢,张成,把咱们的干粮拿来。"

张成就在外厅与众差役一席,还没开吃呢,闻听老爷喊他,赶紧出去,把行囊里的干粮全拿过来,往刘墉跟前一放,说:"老爷,给您搁在这儿呢!"

刘墉说:"张成,你也喜欢吃咱们山东的煎饼卷臭豆腐是不?去,叫伙计上两碗热粥,咱俩陪诸位大人开宴。"

张成一听,老爷要琢磨什么,放着山珍海味不吃,偏要吃这掉渣的煎饼卷豆腐,这不馋人嘛,可是他不能不听命,转身又出去了。

不多会儿,店伙计送上两碗热粥。刘墉向众人抱歉地一笑,说:"我就是这个德性!"

这样的德性是什么呢?显然就是低调做人的品格。

拥有此等品格,对这位高高在上的刘大人来说十分难能可贵。在众人面前主动放下自己的架子,平息自己的威风,这样一来也就很自然把自己的身价与大家扯平了。人们无不感受到他的平易与随和,从而为后来顺利打开陌生环境中的交际之门创造了良好的条件。

智慧感言

讲架子的人只会使自己的路越走越窄,因为讲究架子,计较得失,就人为地给自己画了一个圈,让一般人难以接近;反之,主动放下自己的架子,则会给人一种和蔼可亲的印象,别人也会乐于帮助你,你发展机会就大得多。

第四章　攻心为上

——交际高手善于征服人心

人就像一本书，只要掌握了必要的"阅读"方法和技巧，是完全可以熟读人心，征服人心的。掌握社交处世中征服人心的诀窍，我们就能够更洒脱自如地遨游于人际的广阔天地，获得生活和事业的双丰收。

平时多烧香，急时有人帮

现代人生活忙忙碌碌，没有时间进行过多的应酬，日子一长，许多原本牢靠的关系就会变得松懈，朋友之间逐渐互相淡漠。这是很可惜的。我们应该珍惜人与人之间宝贵的缘分，即使再忙，也不能忘了沟通感情。

有事之时找朋友，人常有之；无事之时找朋友，你可曾有过？

你有没有这样的经验：当你遇到了困难，认为某人可以帮你解决，你本想马上找他，但后来一想，过去有许多时候本来应该去看他的，结果都没有去，现在有求于人就去找他，会不会太唐突了？在这种情形之下，你不免有些后悔"闲时不烧香"了。

俗话说："平时不烧香，临时抱佛脚。"那样的"菩萨"虽灵，也不会帮你。你平常心中就没有"佛祖"，有事才来恳求，"佛祖"怎愿意当你的工具呢？所以我们求"神"，理应在平时烧香。平时烧香，表明自己别无希求，完全出于敬意，而绝不是买卖；一旦有事，你去求他，他念在平日你烧香的热忱，也不致拒绝。

如果要烧香，还要注意去找那些平常没人去的"冷庙"，不要只挑香火旺盛的"热庙"。因为在"热庙"烧香的人太多，"神仙"的注意力分散，你去烧香，也不过是众香客之一，显不出你的诚意，"神"对你也不会有特别的印象和好感。所以一旦有事求他，他对你也只以众人相待，不会特别照顾。

但"冷庙"的"菩萨"就不是这样了，平时门庭冷落，无人礼敬，你却很虔诚地去烧香，对你当然特别在意。同样地烧一炷香，"冷庙"的"神"会认为这是天大的人情，日后有事去求他，他自然特别照应。如果有一天风水转变，"冷庙"成了"热庙"，"神"对你还是会特别看待，不把你当成趋炎附势之辈。人在得意的时候，一切就看得很平常，很容易，这是因为自负的缘故。如果你的境遇地位与他相差不多，交往当然无所谓得失。但如果你的境遇地位不及他，往来多时，反而会有趋炎附势的错觉。即使你极力结纳，多方效劳，在对方看来也很平常，彼此感情不会有多少增进。只在对方转入逆境时，才会对人际关系有新的认识。因此，多结识落难英雄不失为明智的交际手段。

只要你认为对方是个英雄，就该及时结纳，多多交往，或者乘机进以忠告，指示其所有的缺失，勉励其改过迁善。如果自己有能力，更应给予适当的协助，甚至施予物质上的救济。而物质上的救济，不要等他开口，而应随时采取主动。有时对方急需，却不肯对你明言，或故意表示无此急需，你如得知情形，应尽力帮忙，并且不能有丝毫得意的样子，这样一面使他感觉受之有愧，一面又使他有知遇之感。寸金之遇，一饭之恩，可以使他终生铭记。日后你如有所需，他必奋身图报。即使你无所需，他一朝否极泰来，也绝不会忘了你这个知己。

"人情冷暖，世态炎凉"，趁自己有能力时，多结纳些潦倒英雄，以便他日自己的事业能得到支持和发展。很多人没有如此长远的眼光，只看到一时，须知友谊之花要经年累月培养，做人做事也是不可急功近利的。

善于放长线钓大鱼的人，看到大鱼上钩之后，并不急着收线扬竿，把鱼甩到岸上。因为这样做，到头来不仅可能抓不到鱼，还可能把钓竿折断。他会按捺下心头的喜悦，不慌不忙地收几下线，慢慢把鱼拉近岸边；一旦大鱼挣扎，便又放松钓线，让鱼游窜几下，再慢慢收钓。如此一张一弛，待到大鱼筋疲力尽，无力挣扎时，才将它拉近岸边，用提网兜拽上岸。

 智慧感言

在人际交往中，如果你太急功近利，往往什么也得不到。只有平时多用心，多烧香，难时才不至于孤立无援。

宽容可以让人名利双收

世间之事，总有许多事让人难以忘却，耿耿于怀，如被欺骗、被伤害、被逼离乡背井……多年以后，羽翼渐丰便复仇而来，恩恩怨怨，难以化解，而这些恩仇录载于各民族的历史，存在于各个时空，甚至有的恩仇还引起了战争，殃及无辜。此种争斗，不论谁胜谁负都是耗精费时的，直到成为世代恩仇，于是便有了斩草除根的毒手；而野火烧不尽，春风吹又生，世世代代长此以往，耗尽心力、财力、物力，难获利益，也难得清静……究其因，就是不能忍，不能让。

有的人则善于忍让，以其宽大的胸怀包纳仇怨，结果是名利双收。

隋末，李渊作为隋朝官员镇守太原，一方面要抗击北方突厥，另一方面要追剿强贼。李渊善于用兵，其子及部众又骁勇善战，许多盗寇纷纷归降或逃窜，略有功劳。

北方突厥铁骑异常剽悍，因贪恋中原的物产和美女时常前来掳掠。公元628年，数万突厥骑兵围攻太原，就在李渊分身无术之时，强贼刘武周又乘势抢占了李渊防守的隋炀帝离宫——汾阳宫，将其间的美女珠宝献给突厥可汗，突厥可汗大喜遂封刘武周为定杨可汗，并支持各路强贼兴兵作乱，致使李渊部众腹背受敌，节节失利，大有被隋炀帝降罪的可能。如此两难境地，部下皆劝李渊与突厥决一死战，此时的李渊没有去为个人得失争一时之长短，而是想图中原，取代隋炀帝，要这样就必须西进入关，争取更大的地域以获兵源粮秣。但太原又是兵家必争之地，绝不能放弃，可惜又无重兵据守，如何是好呢？

俯首称臣。李渊便向突厥可汗敬献美女珠宝，并约定夺下中原，珠宝美女尽归突厥可汗，自己仅得土地。得了珠宝美女的可汗答应了，并且没

第四章　攻心为上——交际高手善于征服人心

有攻击率领少数人马驻守太原的李元吉,使得李元吉能够治理好太原,有充足的后源粮秣输送到中原前线。突厥可汗还将大量骑兵、粮草供给他的"属下"李渊,使得李渊很快夺下了许多地盘。强盛之后的李渊并未报昔日战败之仇,而仍与突厥交好,只不过换了一下地位而已,正如此,才确保了北方的安宁。

如果李渊在战败时与突厥死战肯定败北,又哪来盛唐基业呢?如果李渊强盛之后急于复仇,那北方肯定是连年厮杀,国力自然衰败,也无兵力平定南方,大唐疆土可能少去许多,至少要晚许多年才一统天下。能屈能伸大丈夫,李渊的忍让换来了大唐基业,而他能忍让是他有海纳百川之胸襟,有并吞八方之雄心。正如比,他才没有与突厥,与刘武周争一时的名利。

然而在现实生活中,有人因为蝇头小利与人争得面红耳赤,稍有机会便伺机报复;有些人因为受了气便在人后飞短流长……忌妒,恃强凌弱,陷阱纷纷登场,使得人与人之间愈加疏远,怨恨迭出,于其中又能收获几许呢?很多情况是两败俱伤,大凡世间之争斗均因胸襟狭隘所致,与其陷入纷争不休,不如忍让修好,或退避三舍,求取成功。许多功成名就之人总是能摈弃前嫌,握手言和,共赴前程。

古人言:和气生财。在经济大潮推动下的社会莫不是在其动力下向前奋进的,如果将宝贵的时间与精力耗于无谓的争斗之中,那么你拥有的可能是仇恨、怨恨和贫穷,那么你的人生也将是失败的。

多个朋友多条路,多个勇将多份胜利的机会。宽容与忍让不仅让人省去许多徒劳,还会给人带来成功和荣耀。

众所周知,战争最易使人将仇恨转化为杀戮,也最易让人将屠刀伸向敌人。历史上有许多战将常将俘虏残杀,这种暴行除了激起对手的仇怨以外,还"赢"得了千古骂名,如希特勒;而有的统帅不但宽待战俘,还为其升官晋爵,如努尔哈赤。

公元 1580 年,努尔哈赤亲率大军攻打齐吉达城,双方展开激战,骁勇善战的努尔哈赤于阵中左冲右杀，如入无人之境。"枪打出头鸟"，对方神箭手鄂尔果尼张弓搭箭，射中努尔哈赤头盔，箭矢穿盔入骨，努尔哈赤强忍疼痛拔出箭，并回赠敌手，鄂尔果尼的腿上也留下了这场战争的纪念。努尔哈赤仍带伤激战，但又被对方神射手洛科射中颈部，这一箭就让努尔哈赤离开了战场躺在了床上。此两箭若力度再大些就可取其性命，依照常人心态定会将对手碎尸万段，然而努尔哈赤并未这样，鄂尔果尼与洛科在数日后城破被俘，是油炸活剥还是掩埋沉河只需努尔哈赤一句话，努尔哈赤不但亲自为二人松绑，还赐给官爵，官升一级。此后，二人为努尔哈赤奋勇冲杀，立下赫赫战功。

努尔哈赤的宽大胸怀为他赢得了无数良臣猛将，他忍下的是个人仇怨，让却的是个人私利，获得的却是大清的万里江山。忍让肯定不是获取成功的唯一条件，但肯定是成功者应有的品德，要成就事业非一人之力能为，如果与同级争官阶利禄，与下属争功抢利，那么你将被众人抛弃，终难有所成。反之，则能得到很多的帮助，人多势众，可将你推向成功。

商战中的同行更是拉不开打不散的冤家对头，世界各地商家竞相厮杀，不惜血本对垒，结果获利最大是消费者和没有被卷入的商家。在20世纪初就有精明的商家相互联手，共同发展形成了国际化的大集团，相互取长补短，成为左右商战局势的"航空母舰"，如摩根财团、台塑集团以及众多连锁超市。

奋斗中的人更应如此，凡事宽以待人，严于律己，在工作中做到劳、苦、忍、辱，以此获得更多的伙伴，更多的商机。少些倾轧，多些合作，让忍让为你开路才是善善之举。

智慧感言

海纳百川，有容乃大。你所得到的回报将是丰硕而诱人的，那时，也别忘了让利于有功之士。

真诚的关心可以赢得人心

卡耐基说:"如果我们想交朋友,就要先为他人做些事——那些需要花时间、体力、体贴、奉献才能做到的事。"正像我们自己需要别人的关心一样,别人——你的朋友、同事、上司、下级、顾客,甚至陌生的路人,也需要我们的关心。

成功男人朋友多,无疑对办事会有很大的帮助。但是那么多的好朋友,并不是凭空而来的。只有首先关心他人,才能够获得更多朋友。

成功男人们遇到事情的时候,不是考虑如何得到别人的帮助,而是先想自己是否能帮助到别人。送人一束玫瑰,留下一缕芬芳;为别人点亮一盏灯,照亮了别人,也帮助了自己,这就是乐于助人的心得。成功男人总是乐于为别人点亮生命的灯。

主动关心他人,成功男人会拥有更多的朋友和更广阔的人际关系,在办事时自然比别人多了许多路子,比别人更容易成功。

张泽海是一家个体皮鞋厂的老板,他白手起家,在短短几年内发展成拥有千万资产的皮鞋制造商。张泽海之所以能在制鞋业的激烈竞争中站住脚,靠的就是投桃报李,结交了很多朋友。

在张泽海的创业初期,他深知自己财单力薄,不可能单凭个人实力与同行业的大厂家竞争,必须联合所有的人力、物力、财力。而要做到这一点,就必须依靠更多朋友的鼎力相助。

张泽海帮助人的事举不胜举。批发商、零售商对张泽海为人着想的做法,都很感动。一次,张泽海厂里生产的一种黑鞋带、黑扣的软皮鞋,在南方某个省份失去了销路,零售商天天打电话要求退货。这可急坏了地区批发商,连夜赶来找张泽海商量对策。这可是个大问题,如果把货收回来,积压在批发商那里，那他们将受到巨大的经济损失。

张泽海二话没说："朋友的困难，就是自己的困难，不管什么原因造成了这种局面，我都决不会让你受损失。你把黑带黑扣的皮鞋统统收回，送到我这里调换成别的式样的鞋。"这个地区经销商感动地说："但也不能让你一个人吃亏呀。"张泽海说："产销一家嘛，我们都是一家人，谁受损失都一样，这事理应由我来处理。"这件事传出以后，全国各地的批发商对张泽海更加敬重了。

天有不测风云，在1998年百年一遇的大洪水中，张泽海用贷款修建的现代化皮鞋厂被大水淹了。设备、材料、产品几乎被冲得一干二净，辛苦数年积攒的全部家底都在洪水中化为乌有。这犹如晴天霹雳般的灾难，让张泽海欲哭无泪，他甚至想到了死。

但在张泽海万念俱灰的时候，他的销售网络中几个较大的批发商登门拜访，鼓励他重整旗鼓。可是，此时的张泽海连还债的钱都没有，哪还有资金兴建工厂。一位当初接受过张泽海帮助的批发商爽快地说："你放心，只要你肯继续干下去，钱的事包在我们身上了。"另一位也说："过去，我们困难的时候，你帮助了我们，现在我们也绝不能昧良心，袖手旁观。"

几天后，那几位批发商召开了来自全国各地几百位批发商的集资大会，仅仅两个多小时，就凑齐了张泽海重建厂子所需的资金。一星期后，张泽海就恢复了工厂的生产。

张泽海的故事告诉我们：在人际交往中，需要帮助别人的时候，就要主动地去关心别人，你会因此积累更多的朋友。朋友就是财富，人际交往最基本的目的就是结人情积累人缘。

成功男人知道，求人帮助是被动的，可如果别人欠自己的人情，求别人办事自然会很容易，有时甚至不用开口。如果做人做到如此成功，那一定与善于关心别人乐善好施有关。

成功男人总是宁可让自己受损，也不让自己的朋友受损的行为，无异于雪中送炭。别人有难处才需要关怀，这是最起码的常识。我们内心都有一些需求，有紧迫的，有不重要的，而我们在急需的时候遇到别人的关心，内心会感激不尽，甚至终生不忘。在他人濒临饿死的时候送一个馒头和富贵时送一座金山，就其内心感受来说，馒头绝对比金山更有价值。

成功男人也不可能像独行侠那样独自一人闯天下，尤其是要使自己的人生局面推广开来，更离不开与各种各样的人打交道。要想让别人将来帮助你，那就必须拥有更多的朋友。成功男人就必须先付出精力去关心别人、感动别人，这样才能赢得别人回报的资本。

人非草木，孰能无情？真诚地去关心别人帮助别人，伸出援助之手；当你遭受灭顶之灾时，也会得到回报。

智慧感言

想要收获更多朋友，你必须做一个有人情味的人，时刻对他人表示关心和善意。这比任何礼物都能产生更多的效果，比任何礼物对别人都有更多的实际利益。

站在他人的角度看问题

在生活中，你绝不要轻易地将自己的喜好，逻辑强加于他人身上。能站在他人的角度看问题，为他人着想的人，总是能赢得人们的喜爱和尊重。学会体谅他人并不难，只要你愿意认真地站在对方的角度和立场看问题。

圣诞节到了，一位母亲在圣诞节带着五岁的儿子去买礼物。大街上回荡着圣诞赞歌，橱窗里装饰着彩灯，可爱的小精灵载歌载舞，商店里五光十色的玩具应有尽有。

"来，宝宝，看，多漂亮的圣诞夜景啊！"母亲对儿子说道，然而儿子却拽着她的衣角，呜呜地哭出声来。

"怎么了？宝贝，要是总哭个没完，圣诞精灵可就不到咱们这儿来啦！"

"我……我的鞋带开了……"

母亲不得不在人行道上蹲下身来，为儿子系好鞋带。母亲无意中抬起头，啊，怎么什么都没有？——没有绚丽的彩灯，没有迷人的橱窗，没有圣诞礼物，也没有装饰华丽的餐桌……原来那些东西都太高了，孩子什么都看不见。出现在孩子视野里的只是一双双粗大的鞋和妇人们低低的裙摆，街上互相摩擦，碰撞……

这位母亲第一次从五岁儿子目光的高度观察世界。她感到非常震惊，立刻起身把儿子抱了起来……从此这位母亲牢记，再也不要把自己以为的快乐强加给儿子。"站在孩子的立场上看待问题"，母亲通过自己亲身体会认识到了这一点。

所以，说话办事的时候都需要站在他人的角度看问题。只有换位思考、将心比心，才能够真正了解他人的所思所想。在生活中是这样，在工中也一样。如果你能多为他人着想，就一定能被他人所喜欢。

有一次，戴尔·卡耐基在报上刊登了聘请一位秘书的广告。大约有三百求职信涌来，内容几乎是一样的："我看到周日早报上的广告，我希望应聘这个职位，我……"只有一位女士特别聪明，她并没有谈到她所想争取，她谈的是卡耐基需要什么条件。她的信函是这样写的："敬启者：您所登的广告可能已引来两三百封回函，而我相信您一定很忙碌，没有时间一一阅读，因此，您只需拨个电话……我很乐意过来帮忙整理信件，以节省宝贵的时间。我有十五年的秘书经验……"接下去她谈到过去几位重要上司。卡耐基一收到这封信，真是欣喜若狂。他立即打电话请她前来。卡耐基说，像她那样的人，真可说是前程似锦。

真诚地从他人的角度看事情，就是一个聪明遇事要先设身处地站在他人的立场和处境思考问题，了解他人的观点和感受，体察和认知他人的情绪和情感。这里所讲的"他人"，可以包括任何与你相处，打交道的人，你的父母、领导、同事、朋友、顾客等。

智慧感言

当你和别人发生矛盾的时候,为什么不试着从别人的角度考虑,设身处地为别人着想呢?试着去做吧,你一定能成为最受欢迎的人!

给别人台阶下,就是给自己留后路

在与人交往中,能适时地为陷入尴尬境地的对方提供一个恰当的"台阶",使其不丢面子,是人的一种美德,也是做人做事的一大原则。这样,不仅能给对方留下好感,而且也有助于你树立良好的社交形象。

1953年,周恩来率中国政府代表团慰问驻旅大的苏联官员。在我方举行的招待宴会上,一名苏军中尉翻译周总理讲话时,译错了一个地方。我方一位同志当场作了纠正。这使总理感到很意外,也使在场的苏联驻军司令大为恼火。因为部下在这种场合的失误使司令有些丢面子,他马上走过去,要撕下中尉的军阶章和领章。宴会厅里的气氛顿时显得非常紧张。

这时,周总理及时地为对方提供了一个"台阶",温和地说:"两国语言要做恰到好处地翻译是很不容易的,也可能是我讲得不够完善。"然后他慢慢重述了被译错了的那段话,让翻译仔细听清,并准确地翻译出来,这样就缓解了紧张气氛。

总理讲完话在同苏军将领英雄模范干杯时,还特地同翻译单独干杯。苏联官员和其他将领都看到这一景象,他们看到翻译在干杯时流着热泪,被感动得举着杯久久不放。

心理学的研究表明,谁都不愿在公众面前暴露出自己的错处或隐私,一旦被人曝光,就会感到难堪或恼怒。因此,在交际中我们应尽量避免触及对方所避讳的敏感区,避免使对方当众出丑,必要时还应为别人铺个台阶,让对方有路可退。

一家商场来了一位顾客，要求退换她给丈夫买的一套西装。虽然她已经把衣服带回家并且穿过了，但是她丈夫不喜欢，所以她坚持说"绝没穿过"。

售货员检查了衣服，发现有明显干洗过的痕迹。但是，她不能直截了当向顾客说明这一点，否则顾客是绝不会轻易承认的，因为她已经说"绝没穿过"，而且精心伪装了穿过的痕迹。如果双方都坚持，则可能会发生争执。于是，售货员这样说："我很想知道是否你们家的某位成员把那件衣服错送到干洗店去洗过了。我记得不久前我也有过同样的经历，我把一件刚买的衣服和其他衣服一起堆放在沙发上，结果我丈夫没注意，把那件新衣服和一大堆脏衣服一股脑儿地塞进洗衣机去了。我想你是否也会遇到这种情况？因为这件衣服的确有已经被洗过的明显痕迹。不信的话，你可以跟其他衣服比一比。"

顾客比较了一下后知道无可辩驳，而售货员又为她的错误准备好了借口，顾及了她的面子，给了她一个台阶，于是她顺水推舟，乖乖地收起衣服走了，一场可能的争吵就这样避免了。

所以，要解决争执，最好的办法绝不是斩尽杀绝，把对方驳得体无完肤，而是巧妙地给对方留条出路，让他自己退出。要知道，兔子急了也会咬人，更何况有着自尊心的人呢？

在北京一家著名的酒店里，一位外国客人吃完最后一道茶点后，顺手把精美的景泰蓝食筷悄悄装入自己的西装内口袋里。服务小姐看到之后，并没有当场去指出，而是不露声色地迎上前去，双手擎着一只装有一双景泰蓝食筷的小匣温和地对外国客人说："非常感谢您对这种精细工艺品的赏识。为了表达我们的感激之情，经餐厅主管批准，我代表本酒店，将这双图案最为精美并且经严格消毒处理的景泰蓝食筷送给你，并按照大酒家的'优惠价格'记在你的账簿上，你看好吗？"那位外国客人当然明白这些话的弦外之音，在表示了谢意之后，说自己"多喝了两杯白兰地"，头脑有点发晕，误将食筷放到了衣袋里，并且聪明地借此"台阶"说："既然这种食筷不消毒就不好使用，我就'以旧换新'吧！"说着取出衣袋里的食筷恭敬地放回餐桌上，接过服务小姐给他的小匣，不失风度地向付账处走去。

在生活和工作中，谁都可能会犯错误，比如念了错别字，讲了外行话，记错了对方的姓名职务，礼节有些失当，等等。如果把别人的错误当成把柄，自己也会被别人抓住把柄。当我们发现对方出错误时，只要是无关大局，就不必对此大加张扬，故意搞得人人皆知，使本来已被忽视了的小过失，一下变得显眼起来。更不应抱着抓住了别人把柄或者讥讽的态度，来个小题大做，拿人家的失误在众人面前取乐。因为这样做不仅会使对方难堪，伤害他的自尊心，使他对你反感或报复，而且也不利于你自己的社交形象，容易使别人觉得你为人刻薄，在今后交往中对你敬而远之，产生戒心。

从前有一显宦，公余之暇，喜欢下棋，自负是棋艺第一。某甲在其门下做一名食客。有一天某甲与该显宦对弈，一出手便表现出咄咄逼人之势，该显宦知道今天遇到劲敌了。棋下到后来，某甲竟逼得该显宦心神大乱，汗涔涔而下。某甲见对方焦急的神情，格外高兴，故意留一个破绽，该显宦立刻发现了，立即进攻，满以为可以转败为胜。谁知某甲突然使出杀手锏，一子落盘，很得意地说道："你还想不死么？"该显宦正杀得性起，突遭此打击，心中大为恼火，立起身来就走。据说该显宦向来着意于修养，胸襟比普通人宽大，但此次也觉得颜面大失，颇为不快。因此对某甲始终耿耿于怀。

而某甲呢，还是莫名其妙，他始终不懂得为什么该显宦不再与他下棋。该显宦本可以使某甲飞黄腾达，但就是因为这盘棋局，老是不肯提拔他，某甲只好郁郁不得志，以食客终其身。也许某甲会自叹命薄，谁知是忽略了对方的自尊心，抑制不住自己的好胜心，将对方斩尽杀绝，伤了对方面子，铸成了终身的大错。

我们要明白人人都有自尊心，伤害了别人的自尊，他会将之视为"奇耻大辱"，会一直耿耿于怀，随时找机会进行报复。这个故事旨在教训我们，凡事总要让对方一步，这当然不是为了博得对方的欢心，作升官发财的阶梯，而在于获得多方面的好感。

智慧感言

给别人留下余地，也是给自己留下余地，使自己不会因小事而受到不必要的损害。所以，在人际交往和做人做事中，我们要懂得为别人铺个台阶，留条后路，千万不要斩尽杀绝。

让他人觉得自己很重要

每个人都希望自己是重要人物。事实上，大家愿意做所有事情，无论是好事还是坏事，只要能得到自己是重要的感觉。

现实生活中有些人之所以会出现交际的障碍，就是因为他们不懂得或者忘记了一个重要原则——让他人感到自己很重要。他们喜欢自我表现，喜欢夸大吹嘘自己。一旦事情成功，他们首先表现出的就是自己有多大的功劳，作出了多大贡献。这样等于是向他人表明：你们确实不太重要。无形之中，他们伤害了别人，当然最终也不利于己。

在美国的历史上有一位非常伟大的总统，他就是一位鞋匠的儿子——林肯。在他当选总统的那一刻，整个参议院的议员都感到十分尴尬。因为美国的参议员大部分都出生于名门望族，自认为是上流优越的人，他们从未料到要面对的总统是一个卑微的鞋匠的儿子。

但是，林肯却从强大的竞争对手中脱颖而出，赢得了广大人民的信赖，这除了他具有卓越的才能外，与他从平民中来，走平民路线，把自己融于广大百姓之中的平民意识是分不开的。

当林肯站在演讲台上时，有人问他有多少财产。人们期待的答案当然是多少万美元，多少亩田地，然而林肯却扳着手指这样回答："我有一位妻子和一个儿子，都是无价之宝。此外，租了三间办公室，室内有一张桌子三把椅子，墙角还有一个大书架，架上的书值得每人一读。我本人又高又瘦，脸蛋很长，不会发福。我实在没有什么依靠的，唯一可依靠的财产就是你们！"

"唯一可依靠的财产就是你们"，这正是林肯取得民心的最有效的手段。

人类行为有个极为重要的法则，这一法则就是时时让他人觉得自己很重要。如果我们遵从这一法则，不仅不会惹来什么麻烦，而且可以得到许多友谊和永恒的快乐。但是，如果我们破坏了这个法则，就难免招致麻烦。

有这样一个小笑话：有一个人请了四位同事到他家里吃饭，他倒是非常真诚的，摆了一大桌酒菜。三个同事如约而至，只有一位仍不见踪影。主人在门口急得东张西望，搓手跺脚。一个同事从房内出来安慰他不要着急。谁知这位老兄随口甩出一句话："该来的不来。"旁边劝他的这位同事一听，心里想："这样说，我岂不是不该来的。"咣啷一声摔门而去。另一位同事见状，急忙出来好言相劝。哪知这位老兄又从嘴里蹦出一句："唉！不该走的又走了。"本来相劝的同事一听，立刻怒从心起："不该走的走了，那意思不就是该走的不走。得，甭解释了，我走了。"最后在房内等的那位同事急忙出来帮着主人挽留客人。可惜这位老兄口才实在不佳，竟然又冒出一句："我根本不是冲他们说的。"最后那位客人一听："噢，你不是冲他们说的，那不就是冲我说的吗？算了，我也不留了，一起走吧！"

这虽是一则笑话，却深刻地反映了人们渴望被人尊重的心理。

那么，怎样才能使人们觉得他们特殊呢？

1. 尽可能多地使用他们的名字

有人说，人的耳朵最喜欢的声音是他们自己名字的发音。我想那是真的。这是属于他们自己的独一无二的声音。如果你经常使用它，那意味着你真的关心他们，那会使他们觉得自己是珍贵的。

2. 学会聆听

这听起来很简单,而它也确实很简单,如果你认真对待的话。如果你是假装的,它就是世界上最难的事情。抛开关于自我的想法,聆听他们对你说的话。

3. 称赞并认可他们的成就

这不必是什么重大的事情,小事情也可以。你可以说:"有一天我路过你们家花园,你种的花草长得多好啊。"这句话也很有效。或者说:"你的领带很好看,与这套西装搭配得很好!"注意到并说出人们的独特之处能够使人们觉得与众不同。

4. 如果有人等着与你见面一定要向他们打招呼

千万不要忽视等着与你见面的人,即使你只会意地看他们一眼,并让他们知道你很快就会到他们那里去。这将使他们觉得你很在意他们。

智慧感言

每个人都希望自己是重要人物。做人的一个重要原则就是让他人感到自己重要。

用真诚打动别人

真诚的人是让人信任的,一个真诚的人更容易博得众人的好感。真诚的人会有更多的人喜欢与之交往,值得更多的人依赖。

真诚是要付出行动的,而不是嘴上说说而已,好听的话每个人都会说。看一个人真诚与否最重要的是看她为人处世的态度。一个人的行动往往能表现出她的内心,所以一切的伪装总有被别人看穿的时候,与其那样,不如拿出一颗真心去换取别人的信任。

你越真诚,别人就会越喜欢和你交朋友;你与他人的关系越亲密,你们之间的感情就越深厚。真诚地付出关怀能敛聚很多人气,结交很多朋友。

根据《行销致富》一书作者坦利的说法,"成功是一本厚厚的名片簿。最重要的是成功者广结人际网络的能力,这或许是他们成功的主因"。

你想要得到别人的认同,你不仅需要用基本常识去"感受",更要有行动去"执行"。

根据美国作家柯达的说法,"人际网络非一日所成,它是数十年来累积的成果。如果你到了40岁还没有建立起应有的人际关系,麻烦可就大了"。

每个人都不能没有朋友,人本身就是一种群居性动物,人离不开社会性活动,不能形影相吊地生活在这个世界上。

朋友,是我们生命中看不见的财富。如果一个人没有朋友,那么他将会失去很多人生中的乐趣;如果一个人没有朋友,他将会失去很多个成功的机会。

但是,朋友并不会无缘无故地为你提供帮助,只有当你成为一个他们所欣赏和赞美的人,他们才能热情地无私地对你进行帮助,使你摆脱困境。

有的人号称其朋友无数,可是,一到大难临头,朋友无一伸出援手。那究竟是什么导致这种局面呢?

寻求根源,主要是这种人不受朋友真心欢迎,只是表面的关系,而不是从内心被人所认同。因为他没有用真诚的态度去打动人,而是过于注重形式主义,给别人一种不信任的感觉。那些能够抓住朋友的心,赢得别人尊重的人,都是一些以人格的力量,诚挚的态度对待朋友的人。

"一个人只要对别人真诚,在两个月内就能比一个要别人对他真诚的人在两年之内所交的朋友要多。"这是卡耐基讲的一种交友的秘诀。是的,如果我们只对自己真诚,而对别人不真诚,是不会交到朋友的,这个道理很简单、明白。

奥地利著名心理学家阿尔·阿德勒说:"对别人不真诚的人,他一生中困难最多,对别人伤害也最大。所有人类的失败,都出自这种人。"因为这种人没有朋友,他不能给人以关心和帮助,别人也不会关心和帮助他。

一个人若总是对人冷淡，只顾自己，只打自己的算盘，他一辈子都很难交到朋友，也没有人愿意请教他；但假使他能够设身处地为他人的利益着想，处处对人付出真诚与真心，那么，在什么环境之下他都能交到众多的朋友。

真诚地付出你的关怀并不很难，最基本的有以下几点。

1. 说话不要"拐弯抹角"

在和朋友交流的过程中，即使你和对方的意见和看法不一样，也不要隐瞒和矫饰，更不要随声附和，或者"拐弯抹角"。因为这样不仅不利于和对方顺畅地沟通，还会给人不诚实和生分的感觉。

纵然是在指出朋友缺点和批评朋友过失的时候，也应该真诚而明白地指出来，这样不仅不会伤害对方的感情，反而有助于增进友谊和加深关系。

2. 赞美但不要奉承

当朋友事业有成或者有什么高兴事时，在适当的场合和时间给予真心诚意的祝福和赞美，并与之共同分享快乐。但是千万不要认为所有的好听话都会受到欢迎。其实，一个人真正想从朋友那里得到的是善意的忠告和警戒，而不是华而不实的恭维话。很多人就是从别人说的话中来判断是否和对方成为朋友的。

3. 安慰并给予实际的帮助

当别人遇到困难的时候，给予亲切的安慰和实际的帮助更能体现一个人的真诚。当对方心情不好或者遇到麻烦的时候，如果你说的既不是安抚和宽慰对方的话，也不是帮助对方解决问题的建议，而是些不着边际或者无关紧要的话，那别人肯定会觉得你是一个"事不关己，高高挂起"的冷漠者。你怎么对待别人，别人也会怎么对待你，从此以后，你就不要指望别人会真诚地对待你了。

4. 站在别人的角度上思考

不要只想着从别人那里得到关怀，应该多为别人考虑。在你说一句话、做一个决定、办一件事情的时候，尽量站在别人的角度上思考一下，顾及别人的感受，衡量别人的得失。只有这样，你才不会伤害到别人，别人也会因此对你心怀感激，把你当做好朋友。

如果你希望别人喜欢你，就必须真诚地付出你的关怀。

智慧感言

一个真诚的人是值得让人尊重和欣赏的。在与你的交往中，别人可能正是因为你的这一特性，才决定与你成为至交，或正因为此，你才能在事业上一路畅通。

欲要取之，必先予之

曾经有人提出这样一个观点：这是一个缺乏爱的社会，人与人之间非常冷漠。很多人也都在抱怨别人不理解自己，不宽容自己。但你有没有想到自己对别人做过什么？

有一句西方谚语："要想别人怎么对待自己，就要先怎么样对待别人。"这句话道出了交朋友失败的关键。如果你没有理解别人，没有宽容别人，又怎么能够抱怨别人没有这样做呢？

汪志新永远记得他在成功以前的艰苦。就在三年前，他刚出来跑业务时，经济能力有限，有的时候经常一天吃不到一顿饱饭，只有等到夜里回到宿舍的时候，才煮一点稀饭填肚子。有一次，他照例很晚才回来，以为同事都睡了。但他推门进来的时候，发现其中一位好友煮好了一碗面条在那等着他。汪志新捧着这碗面条的时候，流泪了。

后来，汪志新凭着自己的真才实学，终于出人头地，开了一家自己的公司，有了身份和地位。但他永远记得当初那位朋友给他煮的面条。汪志新说，那一碗面条不仅仅是解决了温饱问题，更重要的是温暖了他的心扉，给了他勇气和力量。成功之后的汪志新没忘朋友曾经的支持和帮助。现在，他的朋友在汪志新的公司任总经理,和汪志新共同经营着事业。

由此可见,你能够用爱心去善待别人,那么生活也会善待你。你无意中做了一点善事,有时往往可以让你得到意想不到甚至是十倍百倍于你付出的收获。人与人之间是相互的,你想别人怎么对你,你就怎么对别人;同样,你不想别人怎么对你,你也就不要怎么去对别人。"以责人之心责己,以待己之心待人"。如果我们每一个人都可以这么想这么做,相信这个世界就会充满爱与和谐。

但实际上,在现实当中,人们总是对别人充满了抱怨,总是觉得别人亏待了自己。在这样一种观点之下,人们的行为变得脾气暴躁。

有这样一个故事:父亲给了一个坏脾气的男孩一袋钉子,并告诉他,每当他发脾气的时候,就钉一个钉子在门前的一棵树上。

第一天,这个男孩在那棵树上钉下了37根钉子;第二天,他钉了20个;第三天,只有10个。慢慢地,每天钉下的数量减少了,他发现控制自己的脾气要比钉下那些钉子容易。直到有一天,这个男孩再也不会乱发脾气。

父亲知道了之后,对他说,每当他能控制自己脾气的时候,就拔出一颗钉子。过了一段时间,男孩告诉父亲,他把所有钉子都给拔出来了。

父亲握着他的手,来到那棵树前说:"做得很好,孩子。但是看看这棵树上的洞。这棵树将永远不能回复到以前的样子。你每次对别人发脾气时说的话,或者做过的事,都像这些钉子一样永远给树留下了疤痕。之后,不管你对别人如何道歉,那个伤口将永远存在。所以,你应该学会不要伤人,而是要学会如何爱人。只有如此,你才会获得别人的爱。"

这个故事或许能够给男人们一点启发。如果大家都能从自己做起,开始不去抱怨别人,而是以爱来宽容别人,相信没有你收服不了的朋友心。

可以设想一下,当你对别人微笑的时候,别人会给你冷眼吗?你对人冷漠,别人会对你微笑吗?我们在抱怨别人不爱我们的时候,有没有想过自己爱过别人没有?不开心的时候,会想到有人分担;快乐的时候可曾想到与人分享?失败的时候希望有个人一起承担;成功的时候可曾想过与人品尝？可能多数人都没有做到过。我们总是对别人给我们的伤害，看得如此严重，却忘了曾经自己是怎么伤害别人。这就是人与人之间缺乏爱的关键：你从不曾主动给予别人爱。

智慧感言

你想别人怎么对你，你就怎么对别人。男人们应该抱着感恩的心态，有一颗平常心，与人为善，在所求之前先付出，相信你的朋友一定会以真心回报你。

为人处世留缝隙，凡事不可太较真

人生在世，为人处世要留缝隙，任何事情都不要做得太绝，得饶人处且饶人。宽容别人就是宽容自己，给别人留条后路就是给自己留条后路。

古人在建房子的时候，都会在需要的地方恰到好处地留一点空间，从而避免拉裂或挤压变形出现，可以说，这就是以不太完美的形式达到完美的境界。

宋代的吕蒙正，每当遇到与人意见相左时，他必定以委曲婉转的比喻来晓之以理，动之以情。由于他胸怀宽广，气量宏大，有大将风度，皇帝对他很是信任。

当吕蒙正初次进入朝廷的时候，有一个官员指着他说："这个人也能当参政吗？"

吕蒙正假装没听见，付之一笑。

他的同伴为此愤愤不平，要质问那个官员叫什么名字。吕蒙正马上制止他们说："一旦知道了他的名字，就一辈子也忘不了，不如不知道的好。"

当时在朝的官员也佩服他的豁达大度。后来那个官员亲自到他家里去致歉，两人结为好友，相互扶持。

吕蒙正这样做是对的，为人处世，留有缝隙，是一种君子风度，可以显示一个人博大的胸襟和深厚的修养。

其实，在为人处世方面就应该这样，留一点缝隙，也就是为自己留一条后路。如果我们时时处处工于算计，事事锱铢必较，不给别人留半点余地，不让自己牺牲一点利益，那么人与人之间，必定会出现剑拔弩张的局面。

这个世界说大也大，说小也小。人海茫茫也会狭路相逢，你今天得理不饶人，又怎么知道他日会不会与那人相遇呢？给别人留余地，就是给自己留余地。给别人方便，就是给自己方便。

为人处世留缝隙，得饶人处且绕人。不让别人为难，就是不让自己为难；让别人活得轻松，就是让自己活得潇洒，这就是做人要留有缝隙的妙处。不管是谁，一定要谨记：权力不可使绝，金钱不可用绝，言语不可说绝，事情不可做绝。

有这么一个寓言故事。

有一头大象在树林里漫步，由于光线比较暗，一不小心把刺猬的老巢踩坏了。大象很惭愧地向刺猬赔礼道歉，但是，刺猬却对此耿耿于怀，不肯原谅大象。

一天，刺猬看见大象躺在地上睡觉，心想："机会来了，我要报复大象，至少，我可以咬这个庞然大物一口。"

但是，大象的皮特别厚，刺猬根本咬不动。刺猬围着大象转了几圈，想啊想，终于想出一个好办法。刺猬发现大象的鼻子是个进攻点，于是忘乎所以地钻进大象的鼻子里，狠狠地咬了一口大象的鼻腔黏膜。

大象感觉鼻子里一阵刺痛，它猛烈地打了一个喷嚏，将刺猬射出好远，刺猬被摔了个半死。

好久，刺猬才从地上爬起来，痛不欲生，对前来探望它的同类说："要记住我的惨痛教训，得饶人处且饶人！"

生活中常常有些人像刺猬一样，小肚鸡肠，无理争三分，得理不让人。假如是重大的是非问题，自然应当不失原则地论个青红皂白，甚至为追求真理而献身。如果是非原则性问题，则应得饶人处且饶人。

朋友之间因为一句闲话争得面红耳赤，形同路人；邻里之间因为孩子打架导致大人拌嘴，老死不相往来；夫妻之间因为家庭琐事同室操戈，劳燕分飞，如此等等，不一而足。得饶人处不饶人，结果往往害了自己。

智慧感言

日常生活和工作中，若不是为一些非原则问题，只要抱着"为人处世留缝隙，得饶人处且饶人"的态度，还有什么问题解决不了呢？

一诺千金，说到做到

在中国传统文化中，诚信是一个非常重要的核心观念。《礼记》的"诚者，天之道也；诚之者，人之道也"，民间的"一言既出，驷马难追"，都是在说诚信的重要。

那么，什么是诚信呢？"诚信"的含义其实是相当广泛的，都是人们人格因素中那些美好的东西，包括遵守诺言，实践成约，老老实实，诚实可信，讲真话，不虚饰，办实事，不撒谎，守信用，不食言等等。通俗地表述，就是一诺千金，说到做到。

在繁华的纽约，曾经发生了这样一件震撼人心的事情。

星期五的傍晚，一个贫穷的年轻艺人仍然像往常一样站在地铁站门口，专心致志地拉着他的小提琴。琴声优美动听，时不时地会有一些人在年轻艺人跟前的礼帽里放一些钱。

不久，年轻的小提琴手周围站满了人，人们都被铺在地上的那张大纸上的字吸引了，有的人还踮起脚尖看。上面写着："昨天傍晚，有一位叫乔治·桑的先生错将一份很重要的东西放在我的礼帽里，请您速来认领。"

人们看了之后议论纷纷，都想知道是一份什么样的东西，甚至有的人还等在一边想看究竟。过了半小时左右，一位中年男人急急忙忙跑过来，拨开人群就冲到小提琴手面前，抓住他的肩膀语无伦次地说："啊！是您呀，您真的来了，我就知道您是个诚实的人，您一定会来的。"

年轻的小提琴手冷静地问："您是乔治·桑先生吗？"

那人连忙点头。小提琴手又问："您遗落了什么东西吗？"

那个先生说："奖票，奖票"。

小提琴手于是从怀里掏出一张奖票，上面还醒目地写着乔治·桑，小提琴手举着彩票问："是这个吗？"

乔治·桑迅速地点点头，抢过奖票吻了一下，然后又抱着小提琴手在地上疯狂地转了两圈。

原来事情是这样的，乔治·桑是一家公司的小职员，他前些日子买了一张某家银行发行的奖票，昨天上午开奖，他中了50万美元的奖金。昨天下班，他心情很好，觉得音乐也特别美妙，于是就从钱包里掏出50美元，放在了礼帽里，可是不小心把奖票也扔了进去。小提琴手是一名艺术学院的学生，本来打算去维也纳进修，已经定好了机票，时间就在今天上午，可是他昨天整理东西时发现了这张价值50万美元的奖票，想到失主会来找，于是今天就退掉了机票，又准时来到这里。

后来，有人问小提琴手："你当时那么需要一笔学费，为了赚够这笔学费，你不得不每天到地铁站拉提琴。那你为什么不把那50万元的奖票留下呢？"

小提琴手说："虽然我没钱，但我活得很快乐；假如我没了诚信，我一天也不会快乐。"

面对诱惑，不为其所惑，而极力坚持自己的原则。小提琴手的语言虽平淡如行云，质朴如流水，却让人领略到一种山高海深的做人宗旨和成功智慧。这是一种闪光的品格——诚信。

请看另一则例子。

从前有个商人，去南方采购了一批货，取水路往外地销售，船在河中顺风行驶，忽然浓云密布，狂风骤起，大雨倾盆，河水陡涨。商人走出船舱查看自己新采购的货物，一阵大浪袭向船头，把他打落水中。商人在水中挣扎呼喊："救命呀！"

一个渔夫听到喊声，急急忙忙把船摇过来救人。商人看到渔夫，大声喊道："快过来救我，我给你一百两白银。"

渔夫把商人救起来，送进船舱，商人换好了衣服，拿出十两银子送给渔夫，说："拿去吧，这十两银子够你辛苦半年了。"

渔夫不接银子，看着商人说："刚才你在水中许诺说，把你救起来给一百两银子，而不是十两。"

商人满脸不高兴地说："你这也太不知足，你一天打鱼能挣几文钱？现在一下子捞了十两银子，不少了。"

渔夫说："事是这么回事，理却不是这个理。你刚才不许诺给一百两银子，我也会救你一命，但你既然说给一百两，我希望你不要失信。"

商人摇摇头，跳进船舱，不再理会渔夫。渔夫长长叹口气，回到渔船。

一年后，商人又采购了批货，碰巧在河中与渔夫相遇。两个人都想起了去年那件不愉快的事。

商人说："我给了你十两银子，你为什么不用来当本钱？"正说着，商人的船触上礁石，船舱进水，船渐渐下沉。

商人急得团团转，大声对渔夫说："快来救我，这次我给你三百两银子，保证不失信。"

渔夫摇橹从商人旁边划过去，回头不紧不慢地说："喊信得过你的人来救命吧，我不要你的银子，可也不救你这种无信无义之人的命。"

很快，商人随着沉船消失在滔滔河水中……

这个故事告诉我们，一个人应该诚实守信。商人因为自己的不讲信义而丢失了性命，不是别人的错误，而是他自己酿成的恶果。

即使我们真的能用欺瞒不诚实的方法获取短暂的成功,但是,作为一种自欺欺人的表现,久而久之,成功就会随着谎言被戳穿而泡汤,不会拥有长久的未来!

我们应该牢记桑斯特的忠告:"一个人讲了一个谎言,就不得不讲更多的谎言。就像一个变质的苹果,总是先有一个小小的斑点,然后慢慢地扩大,最后整个苹果都烂掉。因此,年轻人应该告诫自己,不要讲谎话,一次也不要讲,不然就会有第二次、第三次……最后你的心灵会被谎言吞没,像苹果一样烂掉。"

智慧感言

诚实守信是人立足于世成功立业的基本准则。一个守信的人,能很容易赢得别人的信任,给自己的事业带来众多良好的发展机遇。

不要吝啬对他人的鼓励

当别人遭遇坎坷磨难时,也许我们根本帮不上什么忙,有时就靠某句简单的话去安慰一下。但是我们往往不懂得这句话该怎么说,找不到这句话在哪儿,因为我们不能真正懂得别人心田的禾苗需要怎样的哺育。

杰夫瑞医生是位非常著名的耳科专家,多年来,他一直致力于让失聪者恢复听觉的耳蜗移植研究。杰夫瑞医生在经过数年的不懈努力,终于将耳蜗移植恢复的成功率从50%提高到了接近70%。在他的帮助下,有许多生活在无声世界里的失聪者重新获得了聆听世界的机会,其中有些失聪者的听力甚至从零恢复到了大抵正常的程度。于是,失聪病人们视杰夫瑞医生为救星,媒体称赞他是创造奇迹者,一些机构授予他奖章,杰夫瑞自己也感到很骄傲。

有一年，六个十三四岁的少年从西班牙山区来到杰夫瑞医生所在的慕尼黑，他们是得到慈善机构的捐助前来接受耳蜗移植治疗的失聪孤儿。负责照顾孩子们的领队是个叫露茜的年轻修女，她生得瘦小单薄，但性情温和开朗。

杰夫瑞医生分别为六个孩子进行了耳蜗移植，其中的三个听力恢复迅速；另外两个经过配合治疗，也逐渐有了进步。只剩下一个叫丹的男孩，杰夫瑞医生先后为他做了三次耳蜗移植，尽了一个医生最大的努力，但丹的听力始终不见有丝毫的起色。

冬天过去，春天也过去了。到夏天来临的时候，杰夫瑞医生只得带着深深的遗憾告诉露茜修女："非常抱歉，丹恐怕就属于那30%永远都无法恢复听觉的失聪者。"

露茜修女也很难过，因为每个孩子都怀着同样的希望而来，现在却有一个失望而归。

很快，那个叫丹的男孩也似乎意识到了自己不妙的境况。他开始郁郁寡欢，时常把自己关在病房里，并且有意回避另外五个已经跟自己"不一样"的同伴。

小男孩的状况让杰夫瑞医生的内心备受煎熬，他能够理解丹的痛苦，但又无能为力。而且，出于医生的责任，他还必须把残酷的真相告诉丹。

宣布治疗结果前夕，善良的露茜修女跟杰夫瑞医生商量："是不是可以换个方式告诉他呢？也许在一个适当的场合说出真相，孩子会容易接受一些。"是呀，成年人都无法承受这个现实，何况他还是个孩子。杰夫瑞医生点点头，说道："什么场合告诉他比较好一点呢？"露茜修女略微想了想，说出一个地方——"茵梦湖"。

茵梦湖是慕尼黑所在的巴伐利亚州的一个美丽湖泊，地处阿尔卑斯山中。四周山林环抱，湖水宁静清澈，而且，每到夏天，湖中会开放一片一片美丽的睡莲。

在一个晴朗的清晨，杰夫瑞医生和露茜修女带着六个孩子前往茵梦湖。

因为长期从事耳疾治疗，杰夫瑞医生也懂得一些聋哑人手语。在路途上，他看见露茜修女用手语告诉孩子们："我们今天要去听一听睡莲花开的声音。"她用的是个很明确的"听"，而不是"看"——真是奇怪，难道她不明白可怜的丹什么都听不到吗？

夏天的清晨，站在湖边，能看见微红的晨曦从天边一点一点泛起来。湛蓝色的湖水里渐渐呈现出岸边树林的倒影，偶尔有几只早起的鸟儿掠过湖面，啾啾的叫声在空明的水天之间格外清脆。

露茜修女选了一片临岸的睡莲，那些圆圆的绿叶贴着湖水，上面还带着零星剔透的露珠。而一朵朵白色的花蕾俏皮地点缀其间。六个孩子依次排开蹲下，露茜自己也挑了个能抚摸花蕾的位置，然后向孩子们做了几个手势——指指心，指指耳朵，闭上眼睛。于是，六个孩子顺从地照露茜修女的吩咐，安静地合上眼睛，抚着睡莲花蕾。

不一会儿，太阳升起来了。一旁的杰夫瑞医生这才惊讶地发现，原来那些睡莲花竟是在阳光照耀的瞬间绽开的。在静谧的安宁里，甚至他能听见花瓣爆开时的"叭"、"叭"声，那是一种很轻微的震动的声音。如果不用心去"听"，即使正常人也可能忽略掉。

孩子们抚摸着的花蕾一朵一朵地在阳光里绽开来，虽然闭着眼睛，但杰夫瑞医生肯定他们都能清晰地感觉到花开的瞬间。果然，那些孩子们惊喜极了，他们先是睁开眼睛仔细端详那些盛开的花朵，然后抑制不住地竞相打着手语欢快地交流，连丹也不例外。

这时，露茜修女站起来，微笑着朝孩子们打着手语，语重心长地告诉他们："其实，这个世界上有很多美妙的声音，只要我们有一颗对生活永不消沉的心，就一定可以听见。"比划完，她特别用眼睛盯着丹。

丹回应了露茜修女一个热烈的手势，激动地扑过去和她拥抱。接着，另外五个孩子也围拢，交叠着抱成一团儿。是的，丹或许因为无法恢复听力有一点点难受，可痛苦很快就会过去，更重要的是他真的"听"到了睡莲花开的声音。

目睹一切的杰夫瑞医生静静地站在一边，许久都没有动。作为医生，他已经看惯了太多的伤心、无助乃至绝望，但现在，他却感慨地泪流满面。人们习惯于把他看做是位创造奇迹者，而实际上这位平凡的露茜修女才是位真正的奇迹创造者，她创造了连医学都无法达到的奇迹。

这是从施爱者灵魂深处飘散出来的温暖，它苏醒着精神世界中一行疲惫的足迹，一颗受了冷漠的心灵，然后得了爱的人会在自己的心田擦亮火柴般的另一份温暖去照耀另一颗心，尽管有时是那么微弱。

从那以后，杰夫瑞医生在自己的诊疗院里特意开辟出一个种着睡莲的池塘。每年夏天，他都会让一些内心失落茫然的病人去亲身听一听睡莲花开的声音；而对于每个新来的医生或护士，他会给他们讲关于露茜修女和六个失聪孩子的故事。

他知道，医学治疗即使在一百年以后也依然会有无法突破的极限，但现在，睡莲花开的声音却能创造某些医学上无法创造的奇迹——让那不幸的30%的失聪者学会用心去聆听世界，让他们在无声的岁月里保持对生活永不消退的信心。

智慧感言

一句无心的话也许会点燃纠纷，一句残酷的话也许会毁掉生命，一句及时的话也许会消释紧张，一句知心的话也许会愈合伤口。

不要让猜疑破坏了良好的关系

勇敢和智慧孕育成功，而信任和支持增添动力。信任是人生中最伟大的力量，而被人信任也是人生中最大的幸福。

一艘货轮在烟波浩渺的大西洋上行驶。一个巨浪袭来，一个在船尾清洗甲板的黑人小男孩掉进了波涛滚滚的大西洋。孩子大喊救命，无奈风大浪急，船上的人谁也没有听见。求生的本能使小男孩在冰冷的海水中拼命地游。到后来，小男孩力气也快用完了，实在游不动了。

小男孩觉得自己要沉下去了，几乎就要放弃了。这时候，他想起了老船长那张慈祥的脸和友善的眼神。"不，船长知道我掉进海里后，一定会来救我的！"想到这，小男孩鼓足勇气用最后的一点力量又朝前游去……

过了一段时间，船长终于发现那个黑人小孩失踪了，当他断定小男孩是掉进海里后，下令返航回去找。这时，有人说道："这么长时间了，就是没有被淹死，也让鲨鱼吃了……"船长犹豫了一下，还是决定回去找。又有人说："为一个小黑奴，值得吗？"船长大喝一声："住嘴！"终于，在那孩子就要沉下去的最后一刻，船长赶到了，救起了孩子。

当孩子苏醒过来之后，船长扶起孩子问："孩子，你怎么能坚持这么长时间？"小男孩回答："我知道您会来救我的，一定会的！""你怎么知道我一定来救你的？""因为我知道您是那样的人！"原来，正是这种伟大的信任，使小男孩在冰冷的海水中坚持了几个小时，从而挽救了自己。

一个人能被他人相信也是一种幸福。他人在绝望时想起你，相信你会给予拯救更是一种幸福。信任别人，也值得别人信任，这就是快乐的密码。信任是一种伟大的力量。信任的力量到底有多大？也许，几句坦诚的话语，便能打开一扇紧闭的心门，改变一个人的人生。如果说信任是人际交往中的润滑剂，那么猜疑就是隔在彼此间的毛玻璃。

一个人借了一千块钱给同事，另一个朋友说："万一他不还呢？"朋友特自信地说："放心，他人品特好。"但就在另一个朋友列举了很多借钱不还的例子后，那人就变得紧张起来，最后竟然惶恐地认定这一千块钱打了水漂了，郁闷至极。然而转天，同事还了钱，那人自我解嘲地说："真是没事找事，净瞎想！"

也许，这就是很多人的通病吧——当客观事实与我们悲观的想象冲突的时候，后者马上就占了上风，于是就出现了很多莫名的烦恼。

有句俗语说："猜疑把你我都变成了傻瓜。"然而，我们还是经常推断

第四章 攻心为上——交际高手善于征服人心

别人的反应和行为。我们常以为事物是不变的，人是不变的。有时，我们根本观察不到事情已发生了微妙的变化，而这些变化可能促使人们采用与过去不同的行为方式。

所以，遇到问题要调查研究再做出判断，绝对不能毫无根据地瞎猜疑。疑神疑鬼地瞎猜疑，往往会产生错觉。

阿布·卡恩说过："信任就像一根细丝，弄断了它，就很难把两头再接回原状。"所以，不管在生命的哪个阶段，你能拥有的最伟大的幸福，就是信任。猜忌是社会的毒素，无声无息却充满负面的能量，足以销蚀人的勇气和友善，更会使一个国家、一个民族丧失最后的团队精神。信任的建立，需要真诚的日积月累；而信任的崩溃，一次猜忌就够了。

 智慧感言

如果说信任是人际交往中的润滑剂，那么猜疑就是隔在彼此间的毛玻璃。因此，想要获得他人的喜爱，就先学会信任别人吧。

不要在失意者面前谈你的得意事

无论失意、得意与否，都像海面上波浪的起伏。得意时，波浪兴起拍岸滔天；失意时，波涛消伏顺势直下。正所谓"波起波伏皆为水"。每个人的生命历程中都一定会经历几次得意与失意的潮起潮落。

但现在有些人，一旦得意就总喜欢夸耀自己，往往认为自己的学识高人一等。每遇亲朋好友，就迫不及待地吹嘘自己的得意、成功。殊不知，这样常令别人不舒服，甚至反感。

例如，一个擅长做事的人，看到不会做事的人，很可能会揶揄他一番："你的脑子不够用吗？"这话必定会让听话的人感到不愉快。

和失意的人谈你得意的事，对方就会认为你不但不知趣，简直是挖苦、讥讽他。他对你的感情，只会变坏，不会变好的。和得意的人谈你失意的事，他至多与你作表面的应付，绝不会表示真实的同情，有时还可能引起误会，以为你是要请他帮助，他会预先防备，使你无法久谈。

所以你要诉苦，应找同境况的人去诉，同病自会相怜，不但能得到精神上的安慰，亦可稍叙胸中不平之气。你要谈得意事，应该向得意的人去谈，志同道合。如果你涵养功夫不够，稍有得意的事，逢人就说且自鸣得意，结果便会招人骂你器小易盈，笑你沾沾自喜，无意中还会惹起别人的妒忌。偶有不如意使你觉得满腹牢骚，如有骨鲠在喉，不免逢人就诉，结果同样惹人讨厌，说你毫无耐性，甚至笑你活该。

人生得意须尽欢，这是人之常情。如果要你在正春风得意时，故意装作不在乎的模样，也不尽情理，所以春风得意没什么好责怪的。但是在谈论你的得意时一定要看准场合和对象，如果你在失意者面前大谈你的得意之事，那就只能是自找不痛快了。

所以，每逢开口说话，不管是什么内容，都要避免让别人产生自己被比下去的感觉。

有一天，黄晓峰约了几个朋友到自己家里聚会，主要的目的是想借着热闹的气氛，让目前心情正处于低落状态的杜德成放松一点。

杜德成不久前因经营不力，没办法只得宣布破产，妻子也因为和他感情不和，正在和他闹离婚。他现在是内忧外患，不堪重负了。其他的人都知道杜德成目前的状况，因此大家都避免去触及与此有关的事。可是，其中一位酒一下肚，就口不择言了，又加上刚做生意赚了一大笔，忍不住就开始大谈他的捞钱经历和消费功夫，说到兴处，还手舞足蹈，得意之情，溢于言表，这让在场的人都感觉不舒服。而正处于失意中的杜德成更是面色难看，低头不语，一会儿去洗脸，一会儿去上厕所，最后实在听不下去了，就找了个借口提前离开了。他后来跟送他走的黄晓峰生气地说："他再会赚钱也不必在我面前炫耀，这不是成心气我吗?!"

黄晓峰其实非常了解他的感觉，因为以前他也经历过这样的事情。在他最艰难的时候，正风光的亲戚在他面前炫耀他的房子、汽车，那种感受，真是生不如死。

失意的人非常脆弱，也最敏感。你的谈论在失意的人听来都充满了嘲弄，让他感受到你在蔑视他。因此你所谈论的得意，对失意者来说是一种非常严重的心灵伤害。

但一般来说，即使你当面在失意者面前大谈自己的成功，他们也不会当面表现出什么来，因为他们觉得自己没有什么资格来讲，郁郁寡欢是他们的心态。但他们会对你的言行耿耿于怀，甚至会有一种仇恨心理。

这种心理不会立即表现在他的脸上，因为他知道，此时的任何行为在别人看来都是一个失意者无力的辩解；但他会通过各种方式来泄恨，例如从此不再和你打交道，背后说你坏话，故意与你为难等等，于是你就失去了一个朋友。更有可能的是，你多了一个敌人，这是得不偿失的事情。

所以，不要在一个不打高尔夫球的人面前，谈论有关高尔夫球的话题，那会让你显得无知。同样道理，也不要在失意者面前讨论你的得意，即使你说者无意，也难免听者有心，认为你是在自我夸耀，无视他的存在或鄙视他的无知，从此忌恨于你。

因此当我们春风得意时，千万不要在失意者面前显现出来！如果你正得意，要你不谈论也不太容易，谁不想让别人看见自己的意气风发，所以这种人也没什么好责怪的。但是谈论你的得意时要注意场合和对象。你可以在演说的时候大谈你的得意，甚至也可以对你的崇拜者谈，享受他们钦佩的目光；但就是不要对失意的人谈。在他们面前谈得意，就像在秃子面前抱怨头发少，在瞎子面前说太阳不够亮。

 智慧感言

当你有了得意事，切忌在正失意的人面前谈论。尽量保持一颗平常心，尤其在失意者面前，要更多点同情和理解。只有如此，你的得意才能持久，你的朋友才会越多。

付出会让你收获更多

两个贫苦的好朋友同一时间死去了,上帝让甲上天堂乙去地狱,乙喊道:"为什么这么不公平?"上帝回答他:"你也许还记得,有一天你们一起赶路,遇到了一个死去的人,甲把他埋了起来,你却没有动手!"

人们都乐于锦上添花,却很少有人愿意做雪中送炭的事。锦上添花是在攀附贵人,日后必定好处多多;而雪中送炭是帮助弱势的人,可帮助他们有什么用处呢?这种想法实在是大错特错,因为那些看起来不起眼的人说不定什么时候就会帮上你大忙!

一对待人极好的夫妇不幸下岗了,不过在朋友、亲属以及街坊邻居们的帮助下,他们在小城新兴的一条商业街边开起了一家火锅店。

刚开张的火锅店生意清冷,全靠朋友和街坊照顾才得以维持。但不出三个月,夫妇俩便以待人热忱收费公道而赢得了大批的"回头客",火锅店的生意也一天一天地好起来。

几乎每到吃饭的时间,小城里行乞的七八个大小乞丐,都会成群结队地到他们的火锅店来行乞。

夫妇俩总是以宽容平和的态度对待这些乞丐,从不呵斥辱骂。其他店主,则对这些乞丐连撵带轰,一副讨厌至极的表情。而这夫妇俩则每次都会笑呵呵地给这些肮脏邋遢令人厌恶的乞丐盛满热饭热菜。最让人感动的是夫妇俩施舍给乞丐们的饭菜,都是从厨房里盛来的新鲜饭菜,并不是那些顾客用过的残汤剩饭。他们给乞丐盛饭时,表情和神态十分自然,丝毫没有做作之态,就像他们所做的这一切原本就是分内的事情一样。这是一对"善心如水的夫妻"。

日子就这样一天一天地过着,一天深夜,附近的一家服装店里突然燃起了大火,火势很快便向火锅店蹿来。

　　这一天,恰巧丈夫去外地进货,店里只留下女主人照看。一无力气二无帮手的女店主,眼看辛苦张罗起来的火锅店就要被熊熊大火所吞没,着急万分之时,只见那班平常天天上门乞讨的乞丐,不知从哪里钻了出来,在老乞丐的率领下,冒着生命危险将那一个个笨重的液化气罐马不停蹄地搬运到了安全地段。紧接着,他们又冲进马上要被大火包围的店内,将那些易燃物品也全都搬了出来。消防车很快开来了,火锅店由于抢救及时,虽然也遭受了一点损失,但最终给保住了。而周围的那些店铺,却因为得不到及时的救助,货物早已烧得精光。

　　在平常人看来,帮助一群乞丐有什么用呢?没钱没权,而且很难有翻身的时候,但这对夫妇却没有这样想,他们不求回报地热心帮助这群乞丐,结果当遇到火灾时,乞丐们也不顾一切地帮助他们,别人的店铺都烧光了,火锅店却只受了一点点损失,夫妻俩对乞丐们无私的帮助得到了他们最真诚的回报。

　　人们总是瞧不起落泊的人,不愿做雪中送炭的事,在他们方便的时候也只是帮弱势者做一点点小事,可这一点点小事,他们就可以获得丰厚的回报。

　　一个刮着北风的寒冷夜晚,路边的一间旅馆迎来了一对上了年纪的客人,他们的衣着简朴而单薄,看来他们非常需要一个温暖的房间和一杯热水,但不幸的是这间小旅店早就满了!领班罗比看了他们一眼,冷冷地说:"这里没有多余的房间了,快走吧!"

　　"这已是我们寻找的第16家旅社了,这鬼天气,到处客满,我们怎么办呢?"这对老夫妻望着店外阴冷的夜晚发愁。

　　店里的一个小伙计不忍心这对老年客人受冻,便建议说:"如果你们不嫌弃的话,今晚就住在我的床铺上吧,我自己打烊时在店堂打个地铺。"

　　老年夫妻非常感激,第二天要付客房费,小伙计坚决拒绝了。临走时,老年夫妻开玩笑似的说:"你经营旅店的才能真够得上当一家五星级酒店的总经理。"

"那敢情好！起码收入多些可以养活我的老母亲。"小伙计随口应和道，哈哈一笑。

没想到两年后的一天，小伙计收到一封寄自纽约的来信，信中夹有一张来回纽约的双程机票，信中邀请他去拜访当年那对睡他床铺的老夫妻。

小伙计来到繁华的大都市纽约，老年夫妻把小伙计引到第五大街34街交汇处，指着那儿一幢摩天大楼说："这是一座专门为你兴建的五星级宾馆，现在我们正式邀请你来当总经理。"

年轻的小伙计因为一次举手之劳的助人行为，美梦成真。这就是著名的奥斯多利亚大饭店经理乔治·波非特和他的恩人威廉先生一家的真实故事。

还记得韩信和漂母的故事吗？韩信落泊之时，人人都嘲笑他，只有漂母把自己的饭分给他吃。后来，人们眼中的"无用小子"变成了大将军，他以千金回报了漂母的一饭之恩。很多人都热衷于结交富有的人，而鄙视穷困的人，这种做法真的很不可取。

智慧感言

无论如何，帮助别人总是一件不错的事，帮助别人有时就是在帮助你自己，而且，如果你能摈弃势利的想法，就会发现，雪中送炭比锦上添花更能让你快乐，更能让你有满足感。

第五章　忍者无敌

——大丈夫为人处世能屈能伸

能上能下，能进能退，能得能失，能荣能辱，能屈能伸，方能在遭受挫折时，遭遇打击时，依然能百折不挠，精神乐观，心情愉快。忍，在很多时候可能是被形势所逼的无奈之举，但要在社会上立足，不懂得容忍是很困难的事。所以，在适当的时候，就要善于容忍，毕竟忍一时之气，却可保一世平安。

能屈能伸，方为大丈夫

太刚强，遇事就会不顾后果，迎难而上，这样的人容易遭受挫折；太柔弱，遇事就会优柔寡断，坐失良机，这样的人很难成就大事。大丈夫就要能屈能伸，能刚能柔。

古人云："大丈夫能屈能伸"，然而何谓"屈"？何谓"伸"？屈，是一种难得的糊涂，一种"水往低处流"的谦恭；是困境中求存的"耐"，在负辱中抗争的"忍"，在名利纷争中的"恕"，在与世无争中的"和"。伸，是以退为进的谋略，以柔克刚的内功，以弱胜强的气概；是"无可无不可"的两便思维，是"有也不多，无也不少"的自如心态，是"不战而胜"的上善兵法。

"能屈能伸"是大丈夫立志成业的精髓要义，是博大精深、包罗万千的大哲理大智慧。立大志，需以"屈"处世。成大业，要靠"伸"显才。古今中外，凡做出杰出成就或干出轰轰烈烈事业的人，往往是那些能屈能伸的人。

司马懿生于179年，出仕于208年，出仕时正好30岁。那他之前这么多年是在干什么呢？与诸葛亮躬耕于南阳不同，司马懿由于是名门之后，他没有做种田之类的事，他就在许昌城中，却一直对曹操避而不见，因为他从心底看不起出身低贱的曹操。

最终曹操访问了他三次，司马懿才答应出山，这与诸葛亮三顾出山多么相似呀！但与诸葛亮不同的是，当时的曹操不像刚开始创业的刘备，其"智囊团"已人才济济，初来乍到的司马懿在里面不会一下子有什么大作为。司马懿一开始做的只是一些抄抄写写工作，这对于在军事和政治上的天才司马懿来讲，可以说是"屈就"了。但司马懿并没有在乎这些，甚至，在曹操的时期，他一直都是"屈就"着，虽然他后来的官升到了丞相府主簿，但始终没有什么带兵作战的机会。这么长时间内，他只是作为谋士提出过两次重要的计策，一是在取下汉中后劝曹操乘势进攻刘备立足未稳的西川，二是献计联合东吴共同对付得到汉中的刘备。这两个计策曹操只用了后者，但就是这一个计策就使得不可一世的西蜀大将关羽命丧建业。

司马懿当然知道自己真正的能力绝不是一个普通的谋士，于是在孟达响应诸葛亮北伐时，身为荆州都督的司马懿有了第一次带兵作战的机会。他使出浑身解数，把这一仗打得十分漂亮，让自己在魏明帝曹睿心中的地位有了很大的提升。在魏都督曹真病逝后，司马懿继任成为魏都督，他终于有了和诸葛亮亲自交锋的机会。在与诸葛亮的交锋中，司马懿采取的战术很清楚，这就是坚守不战，因为这样他受到了诸葛亮的种种故意的侮辱，但司马懿此时很好地发挥了他能屈的长处，终于拖死了诸葛亮。其后他抓住机会施展自己的才能，带兵平定了魏乐浪公公孙渊的反叛，于是他在魏明帝心中的地位上升到了极点。

但魏明帝一死，执政的曹爽根本不给司马懿机会，于是司马懿又继续"屈就"下去。正是"君子报仇，十年不晚"，从魏明帝病逝到著名的"高平陵事件"，正好是十年，司马懿果断消灭了曹爽的势力，这也为后来的晋代魏打开了序幕。

大丈夫能屈能伸，"屈"是暂时的，暂时的忍辱负重是为了长久的事业和理想。不能忍一时之屈，就不能使壮志得以实现，使抱负得以施展。"屈"是"伸"的准备和积蓄的阶段，就像运动员跳远一样，屈腿是为了积蓄力量，把全身的力量凝聚到发力点上，然后将身跃起，在空中舒展身体以达到最远的目标。

著名策士范雎刚开始时，由于他出身寒微，无人引荐，不得已只能先在魏国中大夫须贾的府中任事。

一次，须贾奉魏王之命出使齐国，范雎作为随从一同前往。齐襄王钦佩范雎的雄辩之才，便差人携金十斤及美酒赠与范雎。范雎对此深表谢意，却未敢接受齐襄王的赠礼，但仍招来了须贾的怀疑，认为他出卖了魏国的机密，于是回国之后，便将"范雎受金"的事上给魏国的相国魏齐。魏齐不辨真假，也不作调查，便动大刑杖惩罚范雎。范雎在重刑之下，肋骨被打断，牙齿脱落。他蒙冤受屈，申辩不得，只好装死以求免祸。范雎已"死"，魏齐让人用一张破席卷起他的"尸体"，放在厕所之中，然后指使宴会上的宾客，相继便溺加以糟蹋，并说这是警告大家以后不得卖国求荣。

范雎平白无故地受了这么一场肌肤之苦和奇耻大辱，一腔效命魏国的热忱化作了灰烬。他决计离开魏国，另谋一处显身扬名的地方。范雎买通厕所的守者，将他放了出去。

范雎忍辱求全隐身民间的时候，秦国一个叫王稽的使节来到魏国。秦国此时国力强盛，且虎视眈眈，有兼并六国的雄心。偶然的一次机会范雎与王稽见面，其才情智慧已使王稽信服，王稽决定带范雎入秦。

王稽私下带着范雎归秦，路上见对面秦国相穰侯魏冉的一队车骑驱驰而来，范雎便对王稽说："据我所知，穰侯长期把持秦国的大权，厌恶招纳其他诸侯国的客卿入秦。我与他见面，定会对我不利，所以我最好藏在车中。"于是范雎藏了起来。

魏冉的车骑到了之后，他果然询问王稽："使君出使归秦，有没有带别国客人来啊？"王稽赶快答道："不敢。"魏冉看了看王稽，然后走了。

听到魏冉一行离去的车马声，范雎这才从车中探出身来，但他心中沉思："魏冉是一个聪明人，刚才他已经怀疑车中有人，只是决心下慢了，忘记搜索而已。"范雎一念及此，当即断然对王稽说："魏冉此去，必然会后悔，必派人返回搜索使君的车辆不可。我还是下车走路避一下为好！"说完，范雎便跳下车，往道旁小径走去。

王稽于是按辔缓行，以待步行的范雎。方才走了十多里，魏冉果然遣回骑卒对王稽的车马一阵搜检，见车中确实没有外来的宾客，方才纵马而去。这样，范雎才最终脱险。

入秦后，范雎抓住机会，充分施展辩才游说秦昭王，最终取得信任。

第五章 忍者无敌——大丈夫为人处世能屈能伸

秦昭王采用范雎的谋略，对内加强了秦国的中央集权，对外使用远交近攻的霸业方略，使秦国对关东列强压力再度加强。秦昭王因此任命范雎为秦国相，封为应侯。

"大丈夫能屈能伸"，这是一条经千古锤炼而锻造出的古训，多少风云人物英雄豪杰都因善屈善伸而叱咤风云，所向披靡。所以，在逆境中，当困难和压力逼迫身心时，我们应懂得一个"屈"字，委曲求全，保存实力，以等待转机的降临。而在顺境中，当机会和环境皆有利时，我们应懂得一个"伸"字，乘风万里，扶摇直上，以顺势应时更上一层楼。

 智慧感言

大丈夫能屈能伸，"屈"是暂时的，暂时的忍辱负重是为了长久的事业和理想。不能忍一时之屈，就不能使壮志得以实现，使抱负得以施展。

尽量不做出头的橡子

生活中有句俗语，叫做"出头的橡子先烂"，说的是一种为人不可太露的道理。《庄子》中的"直木先伐，甘井先竭"说的也是这个道理。挺拔的树木容易被伐木者看中，甘甜的井水最容易被喝光。同样，在人生的竞技场上，不加选择而处处锋芒毕露的人很容易受到伤害。

任何人都有表现自己的欲望，都希望别人能够看重自己、知道自己，男人更是如此。然而，在很多时候，这种做法却会让人吃亏。因为太过表现自己时，无疑是将自己暴露在众人的目光之下，招致了许多被人攻击的机会。

有一日，吴王乘船在长江中游玩，登上猕猴山。原来聚在一起戏耍的猕猴，看到吴王前呼后拥地来了，立即一哄而散，躲到森林与荆棘丛中去了。

但有一只猕猴想在吴王而前卖弄灵巧，它在地上得意地旋转，旋转够了，又纵身到树上，攀缘腾荡。吴王看了不舒服，就拉弓搭箭射它，它能从容地拨开射来的利箭，或敏捷地把箭接住。吴王脸都气红了，命令左右一齐动手，箭如风卷，猕猴无处逃脱，立即被射死。

吴王回头对他的友人说："这灵猴夸耀自己的聪明，倚仗自己的敏捷傲视本王，以致丢了性命，要引以为戒！不要用你们的意志声色骄人傲世！"

盲目地表现自己，无疑是让自己首先陷入别人的算计之中，从而招致自身的损伤。枪打出头鸟，打的无非就是凡事都要跑在前面的人，所以，聪明的男人要懂得低调，懂得收敛自己的锋芒。

三国时，曹操军营中有个主簿，名叫杨修，才华横溢，思维敏捷，但后来却因恃才放狂，最终被曹操以造谣惑众扰乱军心之罪而斩首。

曹操曾建造一个园子，造成后，曹操去看时，没有发表任何意见，只挥笔在门上写了一个大大的"活"字，众人不解，只有杨修说："门里添个'活'字，就是'阔'了，丞相嫌这园门太阔了。"众人这才恍然大悟，工匠赶紧翻修，又过几日，曹操再来看时，见园门按自己的意思改了，心里非常高兴。但是当他得知是杨修把他的意思猜透时，嘴上不说，心里却已经开始妒忌杨修了。

古语云："木秀于林，风必摧之；堆出于岸，流必湍之；行高于人，众必非之。"杨修便是那秀于林之木，然而他"秀"的有些不是地方。他总是在无关紧要的地方炫耀自己的才能，以致招来曹操的妒忌。才能用错了地方反而加速了失败。曹操本拟炫耀自己的心计，可是屡次被点破，曹操焉能不怒，怎会容他。于是，推出去，斩！

后人有两句诗叹杨修之死，诗曰："身死因才误，非关欲退兵。"这两句诗可说是一语道破杨修的死因。老子曾说过一段话，"不自见，故明；不自是，故彰；不自伐，故有功；不自矜，故长。"也就是说，为人要谦虚诚恳，不可锋芒毕露，盛气凌人。

看来，露与不露，关键在"度"，在时机，抓住机遇露一把，就可能一鸣惊人，功成名就。切不可露而无方，否则一步不慎，就可能事事不顺，倒霉透顶。这一点，杨修的例子或许能给我们带来一些现实的启示。

李亮是个很优秀的企划人才，在业界也算是小有名气的人物。这一年，他凭借自己的实力，进入了一家国企工作。朋友们都为他能有这样的好运而庆幸，因为他终于找到了可以一展所长的地方。

可是，李亮在那里工作了不到半年时间，就自动辞职了。这让所有人都大跌眼镜，甚至以为他疯了，那可是多少人做梦都想进去的单位。可是，等到李亮讲明其中的原因后，大家都无语了。

原来，李亮所在的企划部门有七个人，因为企划是个刚兴起不久的项目，所以，即使单位里有这个部门，原单位的人员也都不懂得"企划"的具体操作，主要的工作都是由他来做。他也因为刚进单位，有表现一把的心思，凡事尽心尽力做好。

然而，他的出色也让其他几人显得太过平庸，这几位就开始对他这个"出头的椽子"大肆诽谤。李亮开始并没有在意，以为这些谣言可以随着时间的推移而自行消失。然而，他的想法却是大大错了。因为他没有切实考虑其中的原因，没有协调与部门人员之间的关系，致使他的人际关系很差，到后来，这种谣言越传越真，他觉得压力过重，只好辞职走人了。

李亮就是不懂得隐晦自己，不懂得与他人沟通与合作，他虽是为了工作，却因为过于爱表现自己，最后成了"出头的椽子"——最先走出了单位。

男人有才能，有热情，想要出人头地，想在万千大众之中露露脸，风光风光，这本无可厚非，但一定要注意时机，不要忘了自己的安全。

 智慧感言

无论你有怎样出众的才智，也一定要谨记：不要把自己看得太了不起，不要把自己看得太重要。适时地收敛起你的锋芒，掩饰你的才华，人生之路才能畅通无阻。

善忍才能成大事

当你还没有充分的实力时，忍耐就具有特别重要的战略意义，在这时候，做大事者，能审时度势，不把那些小耻小辱放在心上。但是，光被动地忍还不行，还必须为了忍后的行动积极准备。

唐太宗李世民在争夺储位的过程中就是保存实力，边忍边动，后来终于达到了自己的目的。

唐高祖李渊建立唐王朝后，太子李建成和齐王李元吉勾结，多次陷害立有大功的秦王李世民，兄弟间一场生死拼杀势所难免。

李世民身边的文臣武将屡次进言，劝李世民早作打算，抢先动手。李世民每到这个时候，便会面现苦容，叹息不止，说："我们乃是一母同胞的兄弟，纵是他们的不对，我又怎么忍心呢？还是委屈一下吧，时日一长，他们也许会知错能改，一切就烟消云散了。"

别人都十分着急，深怪他心有仁念，坐失良机。李世民对此置若罔闻，暗中却把他心腹的将领尉迟敬德等人找来，对他们说：

"你们的好心，我岂能不知？不过现在我们安排未妥，事无头绪，又怎能草率行事呢？事若不密，为人察觉，只怕我们先得人头落地了。还望各位详作筹划，切勿泄露。"

李世民边忍边动，加紧布置，由于他表面从容，处处示弱，李建成、李元吉果真被欺骗，暗中得意。他们按部就班，一步步地实施整倒李世民的计划，心想假以时日，不愁大事不成。

不久，有报说突厥兵犯境，李建成便保举李元吉为帅，带兵迎敌。齐王请求李渊把秦王李世民的兵马归他指挥，李渊答应了他的要求。李世民和他的文臣武将一眼便看穿了他们的阴谋，李世民见群情激奋，故作痛苦的模样安抚众人说：

"皇上既已同意，看来我只能束手待毙了。这是天意，我又能怎么样呢？"

众人见此，信以为真，不禁泣泪苦劝；有的还要告辞而去，以示抗议。只有几个知情者以目示意，不露声色。

这时又有人进来密告李世民，说太子与齐王早已定下计谋，只等李世民等人给齐王出征送行时，便要密伏勇士，趁机全部杀光，然后太子登位，封齐王为太弟。

众人听此，情绪更为激动。李世民见火候已到，这才长叹一声，对众人说：

"我是被逼如此，各位都是明证。事已至此，只有先发制人，我们才能铲除强敌，保全性命。"

李世民分兵派将，伏兵于玄武门。第二天，李建成、李元吉上朝在此经过，伏兵齐出。他们二人猝不及防，李建成被李世民射死，李元吉被尉迟敬德砍杀。

没过多久，李渊便让位李世民。李世民登基为帝，终于实现了他的梦想。

李世民的"成功"告诉我们：善于忍耐，以积极的准备做事，大事可成。

"以忍为上"，"吃亏是福"，这是一种玄妙的处世哲学。尤其是面对别人的侮辱和嘲笑时，也能以一颗平常心待之。你不妨拿出一块心地，单搁不平之事，或闭起双眼，权当不觉，或自甘堕落委曲求全，大丈夫要能屈能伸。

中国古代的名将韩信，家喻户晓，妇孺尽知，其武功盖世，称雄一时。

韩信还未成名之前，并不恃才傲世而目中无人，相反倒是谦和柔顺，能屈能伸。

有一天，韩信正在街上行走。忽然，面前拥出三四个地痞流氓。只见他们抱着肩膀，趾高气扬地眯着眼睛斜视韩信。韩信先是一惊，随即便抱拳拱手道："各位仁兄，莫非有什么事吗？"

其中一个撇了撇嘴，怪笑道："哈哈，仁兄？倒挺会说话，哈哈，我们哥儿们是有点事找你，就看你敢不敢做啦！"

韩信依然很平静地说："噢？不知是什么事，蒙各位抬爱竟看得起韩信？"

那些人都哈哈大笑起来，刚才说话那人说："哈哈哈，什么抬不抬的，我们不是要抬你，而是要揍你，哈哈哈"

其他人也跟着失声怪气地笑着，指着韩信嘲笑他。

韩信看看他们，依旧平心静气地问："各位，不知我哪里得罪了大家，你我远日无仇，近日无冤，为什么要揍我，我实在不明白。"

那人怪笑三声，说："不为什么，只是听说你的胆子很大，今天我们几个想见识见识，看你到底有多大的胆子，是不是比我们哥儿们胆子还要大？"

韩信一听，这不是没事找事嘛，故意为难自己，他心中很是气愤，却又忍住了怒火，面上陪笑道："各位各位，想是有人信口误传，我韩某人哪里有什么胆识，又岂敢跟你们相提并论，我没有胆识，没有胆识。"

那群人轻蔑地望着韩信，听他这样说，依然不肯放他过去，那领头人，"当啷"一声将宝剑抽出来，往韩信面前一扔，将头向前一伸，对韩信对："今天我们不动手，要么你来杀我，要不你就乖乖地从我的胯下钻过去，哈哈哈"

韩信望望地上亮闪闪的锋利的宝剑，又看了看面前叉腿仰立的地痞头头，皱了皱眉，围观的人早已纷纷议论，都非常气愤，让韩信去拿剑宰了这狂妄的小子。

韩信暗暗咬咬牙，却并未拿那剑，而缓缓屈身下去，从那人胯下爬了过去。众人无不惊愕，连那群流氓也怔在那里发呆。韩信则立起身掸尽尘土，头也不回，扬长而去。

 **智慧感言**

有不少人一碰到眼前亏，会为了所谓的"面子"和"尊严"而与对方搏斗，有些人因此而一败涂地，有些人虽然获得"胜利"，却元气大伤。切记：善忍才能成大事。

学会以隐忍的态度做人

宋代苏洵曾经说过："一忍可以制百辱，一静可以制百动。"其实，忍是理智的抉择，也是成熟的表现。忍有一个最重要的条件，就是要眼光放得远；为长久打算，忍一时之痛。

一次，在公共汽车上一个男青年往地上吐了一口痰，被乘务员看到了，对他说："同志，为了保持车内的清洁卫生，请不要随地吐痰。"没想到那男青年听后不仅没有道歉，反而破口大骂，说出一些不堪入耳的脏话，然后又狠狠地向地上连吐三口痰。那位乘务员是个年轻的姑娘，此时气得面色涨红，眼泪在眼圈里直转。车上的乘客议论纷纷，有为乘务员抱不平的，有帮着那个男青年起哄的，也有挤过来看热闹。大家都关心事态如何发展，有人悄悄说快告诉司机把车开到公安局去，免得一会儿在车上打起来。没想到那位女乘务员定了定神，平静地看了看那位男青年，对大伙说："没什么事，请大家回座位坐好，以免摔倒。"一面说，一面从衣袋里拿出手纸，弯腰将地上的痰迹擦掉，扔到了撮子里，然后若无其事地继续卖票。看到这个举动，大家愣住了。车上鸦雀无声，那位男青年的舌头突然短了半截，脸上也不自然起来，车到站没有停稳，就急忙跳下车，刚走了两步，又跑了回来，对乘务员喊了一声："大姐！我服你了。"车上的人都笑了，七嘴八舌地夸奖这位乘务员不简单，真能骂不还口，却将那个浑小子制服了。

这位女乘务员的确很有水平。她面对辱骂，如果忍不住与那位男青年争辩，只能扩大事态；与之对骂，又损害了自己的形象；默不作声，又显得太沉闷了。她请大家回座位坐好，既对大伙儿表示了关心，又淡化了眼前这件事，缓解了紧张的空气；她弯腰若无其事地将痰迹擦掉，此时无声胜有声，比任何语言表达的道理都有说服力，不仅感动了那位男青年，也教育了大家。

在生活中，我们也难免会碰到一些蛮不讲理的人，甚至是心存恶意的人，有时还会无缘无故地遭到这种人的欺侮和辱骂。每当遇到这样的事，常让人觉得忍无可忍。可是，不忍就会正好成了对方的出气筒，也给自己带来不必要的麻烦。

如那位女乘务员，如果她不忍，与那位男青年吵起来，甚至对骂或动手，虽然她有理，可是结果对她有什么好处呢？对那个男青年有什么教育呢？即使处罚了那位男青年，她充其量表现出的也只是一个普通乘务员的素质；而忍了一时之辱，则取得了道德上人格上的胜利，震动了那位男青年麻木的心灵。

某女士在家排行老大，那时家境艰难，父母忙于上班养家，照顾两个弟弟洗衣做饭等管家的事早早就落在她的头上。弟弟怕她，父母疼她，因此她养成了能吃苦受累不能忍气受气的个性。后来参军，在部队严格纪律的约束下，部队的一些要求，虽然她以行动执行了，可心中不愉快，常常牢骚满腹，影响了进步。而她的真正成熟进步是从学习忍耐开始的。她当的是通信兵，搞长途话务。记得刚上机时，负责培训的是一位连里比较厉害的老兵。有一次，用户要下面部队的一个分站，她拿着塞头不知往哪条线路上插，正犹豫着，那位老兵一把将她的手打下，说："你别拿着我的塞头巡逻了。"从小到大，哪里受过这个气，当时她脑袋轰地一热，血往脸上涌，泪水在眼窝里转，真想摘下话筒跑掉，可是一刹那间，她忍住了。想起平时领导常说三尺机台就是战场，要是跑掉不就等于在战场上开小差了吗？所以她一边忍着气抹着泪，一边认真看老兵操作。下班后又帮着老兵整理话单,打扫机房,这时心情已经好多了;而老兵也觉得有些过火,主动过来手把手地教她。两人以后成了无话不谈的好朋友。

古人说,"将愤之初则便忍之,才过片时,则心必清凉。"开始觉得自己肺都气炸了无法忍,可是忍过后才觉得没什么了不起的大事,忍一下对自己正好是个磨炼。生气发火,往往只是一怒之下,忍无可忍,这是因为人遇到愤怒的事情时,心情比较烦躁,只觉得头脑一热,就什么都不顾了。如果这时候我们能有意识地让自己冷静下来,仔细权衡利弊,沉住气,那结果就不一样了。我们的人生也会由此而不同。

智慧感言

生活中我们常会碰到一些不讲理的人,甚至还会无缘无故地遭到这种人的欺侮和辱骂。这种时候,忍是理智的抉择,也是成熟的表现。

忍小节才能获大胜

对于伤害与痛苦,我们可以忍耐,但忍耐并不是为了使生活变得惨淡,而恰恰是为了使今后的生活更光明。

人的一生是一个整体,不会因生活中事情的大小而划分为不同重要性的部分。经营人生,犹如布置一盘棋局,要兼顾眼前利益与长远利益。博弈的大忌就是"因小失大顾此失彼",人生的经营也是如此。

小不忍则乱大谋,就是提醒人们在许多似乎无法忍受的情况下谨慎一点,多多分析情况,权衡得失,不要图一时的痛快或利益,就忘记了长远的目标。因小失大是最愚蠢的事情。只有等到条件成熟,该出手时再出手,才是明智之举。

隋朝的时候,隋炀帝十分残暴,各地农民起义风起云涌,隋朝的许多官员也纷纷倒戈,转向帮助农民起义军,因此,隋炀帝的疑心很重,对朝中大臣，尤其是外藩重臣，更是易起疑心。

唐国公李渊（即唐太祖）曾多次担任中央和地方官，所到之处，悉心结纳当地的英雄豪杰，多方树立恩德，因而声望很高，许多人都来归附。这样，大家都替他担心，怕遭到隋炀帝的猜忌。正在这时，隋炀帝下诏让李渊到他的行宫去晋见。李渊因病未能前往，隋炀帝很不高兴，多少产生了猜疑之心。当时，李渊的外甥女王氏是隋炀帝的妃子，隋炀帝向她问起李渊未来朝见的原因，王氏回答说是因为病了，隋炀帝又问道："会死吗？"

王氏把这消息传给了李渊，李渊更加谨慎起来，他知道迟早为隋炀帝所不容，但过早起事又力量不足，只好隐忍等待。于是，他故意败坏自己的名声，整天沉湎于声色犬马之中，而且大肆张扬。隋炀帝听到这些，果然放松了对他的警惕。这样，才有后来的太原起兵和大唐帝国的建立。

看来，大唐帝国的建立也并非一开始就气势磅礴，如果没有李渊的忍耐，世界历史上最辉煌的大唐帝国就不会成为现实，李渊的一忍，真正影响了世界历史的进程。所以，在忍还是不忍之间，重要的一点是权衡局势与得失。

可是有不少人一碰到眼前的利益，为了所谓的"面子"和"尊严"，就会与对方强拼。结果一败涂地，有些人虽然获得"惨胜"，却也元气大伤。

李普斯先生是一家啤酒厂的经营者。有一家公司的采购员哈罗德欠李普斯先生1000美元啤酒款长期未付。

一次，哈罗德来到啤酒销售部，对李普斯先生大发脾气，抱怨他出售的啤酒质量越来越差，并说社会上骂声一片，人们不会再买他们的啤酒。最后竟说出自己欠的那1000美元也就免付了，原因是他出售的啤酒的质量一直就不怎么样，并表示他所在的公司及他本人不再购买对方的啤酒等。

李普斯先生压住火气，仔细听完哈罗德的唠叨后，却出乎意料地向哈罗德赔起不是，声称啤酒质量确有不尽如人意之处，最后说："对你的意见，我会尽快向厂部反映的。至于你欠的那1000美元啤酒钱，你要不付，也就算了，谁让我的啤酒一直不争气呢！你说今后你们公司和你本人不再买我的啤酒，这是你们的自由，随你们的便。你说我的啤酒质量有问题，我现在给你介绍另外两家有名的啤酒厂……"

李普斯先生这一番话，确实出乎了哈罗德所料。欠账还钱，这是不成文的一种自然法规。哈罗德本意不想付那所欠的1000美元，以啤酒一向质量不怎么样为借口试图堵李普斯先生的嘴。然而，李普斯先生没有单刀直入地正面反驳哈罗德，却用了巧妙的迂回战术，假装虚心承认并接受哈罗德的意见，待哈罗德发泄后，即刻展开了攻势，用诚挚的话语，向对方表明啤酒厂的现状及未来的发展前景等。

哈罗德最后被李普斯先生的诚意和坦率所征服了，自此不但继续到啤酒厂为其所在的公司购买啤酒，而且还动员了另外几家兄弟公司及几个单位，常年向该啤酒厂购买啤酒。

有时候，有的人认为世界上最艰难的事情莫过于忍耐，因不能忍耐而造成重大损失的事比比皆是。

古代法律，长子有继承家中全部财产的权利，其他的儿子没有。有一天以扫打猎归来，看到他的弟弟雅各在熬红豆汤。以扫又渴又饿，想要一碗红豆汤喝，雅各布说，可以喝汤再加薄饼，但要用长子权来换。以扫说，人都要饿死了，长子权有什么用？它既不能饱腹，又不能解渴，你拿去好了。雅各让以扫发誓后，然后给了他红豆汤和饼，于是从此占了家里的继承权。

在这个故事中，以扫的智慧只相当于一个小孩，只顾自己暂时的欲望，却放弃了自己长远的利益。我们应该知道，成长中必然会经历许多痛苦与折磨，它们会逐渐教会人们如何权衡轻重，慢慢学会忍耐。

或许有的人会质疑说，"如果人生只是无尽的忍耐，活着该多么艰难。"是啊，人生不易，不仅是苦难需要忍耐，有许多的平淡也需要忍耐。但这句话的意思丝毫不是说人生就会因为忍耐而惨淡。

一位访美的中国女作家在纽约街头遇到一个卖花的老太太,老太太衣衫褴褛,身体也很虚弱,但看上去却很开心。女作家惊讶地问:"您看起来很高兴啊。"老太太微微一笑,回答道"是啊,世界这么美好。耶稣在星期五被钉上十字架时,是全世界最糟糕的一天,可三天后就是复活节,所以当我遇到不幸时,就会等待三天,一切苦难就过去了。"

我们知道,只有先退一小步,才能前进一大步。"小不忍则乱大谋"也就是"退"与"进"的辩证法在生活中的灵活运用。

智慧感言

无论是工作中也好,生活中也好,暂时的退却是为了将来的进攻。想要成功的男人请记住一句话:忍小节才能获大胜。

适当放低自己的姿态

现代社会,竞争激烈,纷繁复杂,因此在漫长的人生跋涉中,我们必须学会低头。但是,学会低头并不是妄自菲薄与自卑,学会低头意味的是谦虚、退让。

那些登上人生顶峰的成功者们,不论是乘机出访还是站在舞台上发表演说,总是微微低着头向脚下的人群挥手。原因很简单——他们站在高处。而他们脚下的普通人,只能抬头仰视高处的成功者。因为他们站在低处,脚下什么也没有。

或许,在现实生活中我们应该试着去学习低头,学会认输。其实这并不难,只需要知道,当自己摸到一张烂牌时,不要再希望这一盘是赢家;只有傻子才在手气不好的时候,对自己手上的一把烂牌说,我们只要努力就一定会胜利。学会低头,就是在陷入泥潭时,知道及时爬起来,远远地离开那个泥潭;只有愚蠢的人才会在狼狈不堪的时候,对自己的鞋子说,

我们是出淤泥而不染的。学会低头，就是上错了公交汽车后，及时下车，另外坐一辆车子。

从健康角度说，如果人一辈子总是抬头，永不低头，那可能导致脖子僵硬，使自己生活在痛苦之中。该低头时就低头，保持身体健康，生活才能更加美好。人生，又何尝不是如此？

雷墨就曾经说过："低头是需要勇气的。"的确，否则又怎会有明知是输依然执迷不悟的赌徒呢？回顾历史，因缺乏这种勇气而一怒之下杀死了进谏之人的历代君王比比皆是。看看身边，因为缺乏这种勇气而酿成大错的世人举不胜举。

要知道，人是有可能做错事的，做了错事，该认错时要认错，认错将使人以后少犯错误不犯错误。人是有可能失败的，当失败时，承认失败，总结失败的教训，失败就是成功之母。人在前进的道路上，有时可能需要退却，退一步海阔天空。人生的道路不可能是笔直的，当需要走弯路时，就应当选择适当的弯路，以便更好地接近和达到目标。

学富五车的人，也会因为承认自己知识的局限，而更加受到别人的尊重。也许你比对方高明，但是赞扬对方的高明，丝毫不影响你的权威；也许你掌握真理，但是肯定他人观点中正确的部分，会使他人更容易接受真理；也许错误在其他人，但是你承认自己的缺点，将更容易促使别人承认错误。

智慧感言

在人生道路上，我们常常被告诫要以不屈不挠百折不回的精神坚持到底，而有时候这样却输掉了自己。所以，适时地学会低头，也是一种智慧。

耐心是为了等待更好的机会

很久以前,为了开辟新的街道,伦敦拆除了许多陈旧的楼房。然而新路却久久未能开工,旧楼房的废墟任凭日晒雨淋。

有一天,一群自然科学家来到这里,他们发现,在这一片多年未见天日的旧地基上,这些日子里因为接触了春天的阳光雨露,竟长出了一片野花野草。

奇怪的是,其中有一些花草却是在英国从来没有见过的,它们通常只生长在地中海沿岸国家。这些被拆除的楼房,大多都是在古罗马人沿着泰晤士河进攻英国的时候建造的。

这些花草的种子多半就是那个时候被带到了这里,它们被压在沉重的石头砖瓦之下,一年又一年,几乎已经完全丧失了生存的机会。但令人感到意外的是,一旦它们见到阳光,就立刻恢复了勃勃生机,绽开了一朵朵美丽的鲜花。

其实,人的生命也是如此。一个人,不管他经受了多少打击,也不管他经历了多少苦难,只要他有耐心,有毅力,一旦爱的阳光照耀在他的身上,他便能治愈创伤,便能获得希望,便能重新萌生出新的生机,哪怕是在荒凉恶劣的环境里,也依然能够放射出自己的光和热。

富兰克林说:"有耐心的人无往而不利。"

耐心需要特别的勇气。对一个理想或目标全身心地投入,而且要不屈不挠,坚持到底。就像白朗宁所说:"有勇气改变你能够改变的,愿意接受你无法改变的,并且明智地判断你是否有能力改变。"因此,追求人生目标的决心愈坚定,你就愈有耐心克服阻碍。所谓的耐心,是指动态而非静态,主动而不是被动,是一种主导命运的积极力量,而不是向环境屈服。这种力量在我们的内心源源不尽，但必须严格地控制及引导，以一种几乎是不可思议的执著，投入既定的目标。

有了坚定的人生方向，可以提高我们对于挫折的忍受力。我们知道目标逐渐接近，这些只是暂时的耽搁。如果我们能够积极地面对困难，问题就能迎刃而解。

耐心等待，等待机会，我们就能在意想不到中获得成功。

机会是一种稍纵即逝的东西，而且机会的产生也并非易事，因此不可能每个人什么时候都有机会可抓。而机会还没有来临时，最好的办法就是：等待，等待，再等待。在等待中为机会的到来做好准备。一旦机会在你面前出现，千万别犹豫，抓住它，你就是成功者。

耐心等待是一个不错的办法，但耐心等待绝不是什么也不做。在美国，许多企业家都深深地懂得它的重要性，他们都极富耐心。他们知道，等待会使他们取得意想不到的成功。

洛克菲勒就是这样一个有耐心的成功者，他以他特有的美国人的习性，等待着机会的出现，而一旦机会出现，他就会毫不犹豫，迅速地抓住它，从而获得意想不到的成功。

如何培养耐心？很简单，只要你确定人生的目标，专注于你的目标，心里充满旺盛的企图，那么你所有的思想、行动及意念都会朝着那个方向前进。耐力是身体健康的一部分，不管发生了什么情况，你必须具有坚持把工作完成到底的能力。耐力是身体健康和精神饱满的一种象征，这也是你发展成为别人的领导者并赢得卓越的驾驭能力所必需的一种个人品质。实际上，忍耐力是与勇气紧密相关的，是当事态真正遇到困难时你所必备的一种坚持到底的能力，是需要跑上几公里还得百米冲刺的能力。忍耐力也可以被认为是需要忍受疼痛，疲劳，艰苦，并体现在体力上和精神上的持久力。

忍耐力是你在极其艰苦的精神和肉体的压力下长期从事卓有成效的工作能力，忍耐力是需要你长时间付出的额外努力。那是需要你大口呼吸的时刻，而且它也是一种你想具备卓越的驾驭人的能力所必须培养的重要的个人品质。

 智慧感言

有时候，忍耐正是为了等待更好的机会。耐心等待，我们就能在意想不到中获得成功。

善于忍才能够保全自己

善于忍，就需要你为人低调。低调绝不是无用，也不等于懦弱，相反，低调才能成就大事，才能保全自己，战胜他人。

我们来听一听老子与商容的一段对话。

商容是殷商时期的一位贵族，也是当时一位很有学问的人，老子就曾从他那儿求过学。当他生命垂危的时候，老子来到他的床前问候说："老师您还有什么要教诲弟子的吗？"

商容说："我的思想你已完全掌握了，现在我只想问你：人们经过自己的故乡时要下车步行，你知道这是为什么吗？"

老子回答说："我想这大概是表示，人们没有忘记故乡水土的养育之恩吧。"

商容又问道："走过高大葱翠的古树之下，人们总要低头恭谨而行，你知道其中的原因吗？"

老子回答说："也许是大家仰慕它顽强生命的缘故吧。"

商容张开嘴让老子看，然后说："你看我的舌头还在吗？"

老子大惑不解地说："当然还在。"

商容又问道："那么我的牙齿还在吗？"

老子说："已全部掉光了。"

商容目不转睛地注视着老子，说："你明白这是什么道理吗？"

老子沉思了一会儿说："我想这是刚强的容易过早衰亡，而柔弱的却能长存不坏吧？"

商容满意地笑了笑，对他这个杰出的学生说："天下的道理已全部包含在这三件事之中了。"

低调显示为柔弱，但是比刚强更有力的策略。

唐朝大将郭子仪一生活得有头有脸，究其实就得益于这四个字："低调做人"。

功高权重的郭子仪，被宦官们视为眼中钉。代宗大历二年十月，正当郭子仪领兵在灵州前线与吐蕃军拼杀的时候，鱼朝恩却偷偷派人掘了他父亲的坟墓。当郭子仪从泾阳班师回朝时，朝中君臣都捏了一把汗，料他回来不肯和鱼朝恩善罢甘休，会闹得上下不安。郭子仪入朝的那一天，代宗主动提了这件事，郭子仪却躬身自责，说："臣长期带兵打仗，治军不严，未能制止军士盗坟的行为。现在，家父的坟被盗，说明臣的不忠不孝已得罪天地。"君臣们听了，都由衷地佩服郭子仪坦荡的胸怀。

郭子仪心里明白，自己功劳越大，麻烦就越大，就是当朝皇帝代宗，也会对自己有所顾忌。所以他处处谨慎小心，以求自保。每次代宗给他加官晋爵，他都恳辞再三，实在推辞不掉，才勉强接受。广德二年，代宗要授他"尚书令"，他死也不肯，说："臣实在不敢当！当年太宗皇帝即位前，曾担任过这个职务，后来几位先皇，为了表示对太宗皇帝的尊敬，从来没有把这个官衔授给臣子，皇上怎能因为偏爱老臣而乱了祖上规矩呢？况且，臣才疏德浅，已累受皇恩，怎敢再受此重封呢？"代宗没法，只得另行重赏。

郭子仪爵封汾阳王，王府建在首都长安的亲仁里。汾阳王府自落成后，每天都是府门大开，任凭人们自由进进出出，而郭子仪不允许其府中的人对此给以干涉。有一天，郭子仪帐下的一名军官要调到外地任职，来王府辞行。他知道郭子仪府中百无禁忌，就一直走进了内宅。恰巧，他看见郭子仪的夫人和他的爱女正在梳妆打扮，而王爷郭子仪正在一边侍奉她们，她们一会儿要王爷递毛巾，一会儿要他去端水，使唤王爷就好像奴仆一样。这位将官当时不敢讥笑郭子仪，回家后，他禁不住讲给他的家人听，于是一传十，十传百，没几天，整个京城的人都把这件事当成笑话来谈论。郭子仪听了倒没有什么，他的几个儿子听了却觉得大丢王爷的面子，他们决定向父亲提出建议。

他们相约一齐来找父亲，要他下令，像别的王府一样，关起大门，不让闲杂人等出入。郭予仪听了哈哈一笑，几个儿子哭着跪下来求他，一个儿子说："父王您功业显赫，普天下的人都尊敬您，可是您自己却不尊重自己，不管什么人，您都让他们随意进入内宅。孩儿们认为，即使商朝的贤相伊尹，汉朝的大臣霍光也无法做到您这样。"

郭子仪听了这些话，收敛了笑容，对他的儿子们语重心长地说："我敞开府门，任人进出，不是为了追求浮名虚誉，而为了自保，为了保全我们全家的性命。"

儿子们感到十分惊讶，忙问其中的道理。

郭子仪叹了一口气，说道："你们光看到郭家显赫的声势，而没有看到这声势有丧失的危险。我爵封汾阳王，往前走，再没有更大的富贵可求了。月盈而蚀，盛极而衰，这是必然的道理，所以，人们常说要急流勇退。可是眼下朝廷尚要用我，怎肯让我归隐，再说，即使归隐，也找不到一块能容纳我郭府一千余口人的隐居地呀。可以说，我现在是进不得也退不了。在这种情况下，如果我们紧闭大门，不与外面来往，只要有一个人与我郭家结下仇怨，诬陷我们对朝廷怀有二心，就必然会有专门落井下石陷害贤能的小人从中添油加醋，制造冤案，那时，我们郭家的九族老小都要死无葬身之地了。"

郭子仪所以让府门敞开，是因为他深知官场的险恶，正因为他具有很高的政治眼光，又有一定的德性修养，善于忍受各种复杂的政治环境，因此即使在自己功勋卓著的日子，也时时做好了准备应付可能发生的危险。郭子仪可谓是低调做人的高手。

智慧感言

在生活中,我们难免会碰到一些心存恶意的人,这就需要我们善于忍耐,低调点,这样才不会得罪人,别人也不会主动找麻烦,更重要的是还可以保全自己。

退一步,天地宽

当前面的路被一座山挡住,我们只能绕过去。这样虽然要多走一些路,但却能保证到达目的地。

因此,一个男人要想做成一件事,不懂得后退是不行的。后退是一种策略。不懂得后退的男人,往往难以达到目的,还可能碰得头破血流。

几个月前,一位同事忧心忡忡地对我说,他的小孩最近数学成绩大滑坡,气得他一连数顿都没吃好饭,来问我该如何办。我问他是何种原因导致这种局面。他说也并非孩子不刻苦用功,老师的作业每天使孩子累得连自己心爱的足球赛也无法看,体育锻炼的时间更不用说了。这孩子对戏剧艺术挺感兴趣,无论什么时候一谈起京剧便能脱口而唱出,而且其嗓音也是极其出色的。但孩子的父亲认为,在目前学京剧是没有出息的,于是对这孩子的兴趣横加指责而不去鼓励他自由发展。听他这么一说,我颇感兴趣。好一个急于事功,只求成而不愿败的父亲!

我建议他必须退让,不能强逼孩子去干自己不愿干的事,也不能强迫他放弃自己的兴趣和业余爱好,唯一可行的办法就是退一步海阔天空,让孩子在广阔的天地里找到自己的欢乐、痛苦、失败。当然,最终他肯定会找到自己的成功!

果不出所料,过了几周,同事跑来告诉我说他孩子参加了业余京剧班,进步很快。同时,学习也得心应手,心理压力被去掉了,似乎前边的路很宽,也很轻松。

"盛极必衰,物极必反"是事物发展的必然规律。自古以来,人的进退,原来就不是件容易处理的事,尤其是"退"字,但是不管个人的主观愿望如何,只知进不知退是一种不明智的选择,它可能会给你带来意想不到的后果。

后退是为了造就自我进取的资本。身处竞争时代,首先要造就自己进取的资本。

美国的"钢铁大王"卡耐基,运用此法之高明,足以称得上谋略过人的商战高手。

1898年,"华东街大佬"金融巨头摩根与"钢铁大王"卡耐基开始了一场没有硝烟的战争。

摩根意识到钢铁工业前途无量。所以,他早将目光盯上了钢铁,并把安插高级管理人员作为融资条件,送入伊利钢铁和明尼苏达钢铁两家公司,从而控制了这两家公司的实权。

但这两家公司与卡耐基的钢铁公司相比,只能算中小企业而已。由于美西战争导致钢铁价格上涨,摩根对钢铁的兴趣更加浓厚,便决定向卡耐基发起进攻。

由于美西战争的缘故,使得匹兹堡的钢铁需求高涨。在这样的背景下,摩根向卡耐基发动钢铁战争的意义就更加重大了。

野心勃勃的摩根,一心想主宰全美钢铁公司,他首先答应了号称"百万赌徒"的滋滋的融资请求,合并了美国中西部的一系列中小企业,成立了联邦钢铁公司,同时拉拢了国家钢管公司和美国钢网公司。接着,摩根又操纵联邦钢铁公司的关系企业和自己所属的全部铁路,同时取消了对卡耐基的订货。

原以为卡耐基会立即作出反应。但与摩根的预想相反,卡耐基却纹丝不动。玩股票起家的卡耐基,比任何人都更明白:冷静是最好的对策。特别在这个关头,自己面临的对手是能在美国呼风唤雨的金融巨头,如果此时仓促作出反应，那最后倒霉的将是自己。

卡耐基更清楚自己的"分量"。他深知自己的钢铁业在美国所占的市场，这些市场如果失去了卡耐基的支持，势必会有相当一部分企业因此而蒙受损失，到那时，卡耐基并不愁自己钢铁的出路。你不要自然有别人要！

摩根很快意识到在这事上栽了跟头。他马上采取了第二步骤：美国钢铁业必须合并！是否合并贝斯列赫姆，还在考虑中；但合并卡耐基钢铁公司，则是绝对的！摩根向卡耐基发出了这样的信息。甚至他还威胁道："如果卡耐基拒绝，我将找贝斯列赫姆。"

别的挑战并不可怕，但是，一旦摩根与贝斯列赫姆联手，自己显然不妙。在分析了形势，估计了发展后，卡耐基终于作出了决定："大合并相当有趣，不妨参加。至于条件，我只要大合并后的新公司债，不要股票，至于新公司的公司债方面，对卡耐基钢铁资产的时价额，以1.5元对1元计算。"这对摩根来说，条件太苛刻了！但摩根沉默片刻，还是答应了卡耐基的条件。

在商战中，不能死抱住一些今日的蝇头小利，应该为了长远目标而放弃眼前利益。尤其是在情形不利时，更要善于退让。塞翁失马，焉知非福？只有善于退让的人，才能赚到大钱。

卡耐基瞅准了摩根的心理，同时抓住了摩根的弱点：你不是迫不及待地想合并吗？行，我答应你。但条件要听我的。这样，摩根以1.5：1的比率兑换了卡耐基钢铁公司资产的时价额后，卡耐基的资产一下子从当时的二亿多美元跃至四亿美元！

卡耐基对付摩根的办法，看似非常"软弱"，当摩根采取第一步时，卡耐基无动于衷；当摩根采取第二个步骤时，卡耐基更似乎未作任何抵抗便"就范"了。但是，卡耐基的看似让步，而实际上却取得了一次大的飞跃。不能不说卡耐基退了一步，而实际上进了两步。最后的真正胜利者，是卡耐基，而不是摩根！

"退"从表面上看，意味着胆怯，失败，但是下面一个事实也许会令你感叹不已。

森林中,唯老虎为百兽之王,谁见谁怕之,无不撒腿逃跑。可是,你仔细观察,这样的虎王,在捕食时却总是先后退几步,然后狂奔而上,紧紧地抓住猎物。老虎尚知道在进攻时后退几步,以便产生更大的冲击能量,而我们又何苦于只知前进,不知后退呢?

智慧感言

退一步天地更宽广。退与进是一种辩证关系,暂时的退却是为了将来的进攻。

善容人者方能容天下

大海的宽广在于汇集大大小小的川流,生命的伟大在于包容深深浅浅的缘分。

印度有一个师傅对于徒弟不停地抱怨这抱怨那感到非常厌烦,于是有一天早上派徒弟去取一些盐回来。

当徒弟很不情愿地把盐取回来后,师傅让徒弟把盐倒进水杯里喝下去,然后问他味道如何。

徒弟吐了出来,说:"很苦。"

师傅笑着让徒弟带上一些盐跟自己一起去湖边。

他们一路上没有说话。

来到湖边后,师傅让徒弟把盐撒进湖水里,然后对徒弟说:"现在你喝点湖水。"

徒弟喝了口湖水。师傅问:"有什么味道?"

徒弟回答:"很清凉。"

师傅问:"尝到咸味了吗?"

徒弟说："没有。"

然后，师傅坐在这个总爱怨天尤人的徒弟身边，握着他的手说："人生的苦痛如同这些盐，有一定数量，既不会多也不会少。我们承受痛苦的容积的大小决定着痛苦的程度。所以，当你感到痛苦的时候，就把你的承受的容积放大些，不是一杯水，而是一个湖。"

人，应该学会包容，包容他人，包容自己，包容社会。莎士比亚的戏剧《威尼斯商人》中有这样一句台词：宽容是上天的细雨滋润着大地，它赐福于宽容的人，也赐福于被宽容的人。如能以博大的胸怀去宽容别人，就会让世界变得更精彩，以宽容之心度他人之过，你就能赢得他人的爱戴和感激，成就你的精彩人生。

孔子的学生子贡曾问孔子："老师，有没有一个字，可以作为终身奉行的原则呢？"孔子说："那大概就是'恕'吧。""恕"，用今天的话来讲，就是包容。

第一次登陆月球的太空人一共有二位，除了大家都熟知的阿姆斯特朗外，还有一位是奥德伦。当时，阿姆斯特朗所说的一句话："我个人的一小步，是全人类的一大步。"早已是全世界家喻户晓的名言。

在庆祝登陆月球成功的记者会中，有一个记者突然问了奥德伦一个很特别的问题："由阿姆斯特朗先下去，成为登陆月球的第一个人，你会不会觉得有些遗憾？"

在全场有点尴尬的注目下，奥德伦很有风度地回答："各位千万别忘了，回到地球时，我可是最先出太空舱的。"他环顾四周笑着说："所以我是由别的星球来到地球的第一人。"

大家在笑声中，给予了他最热烈的掌声，奥德伦也以他宽广的胸襟赢得了大家的尊重。

一个人的胸襟气度有多大，他日后的成就就有多大。人在受到外来的羞辱时，需要一点儿心胸宽阔的功夫。否则，心胸狭窄，受到一点刺激就受不了，承担不了委屈，喜怒都挂在脸上，这样的人自然成不了什么大事。

拥有博大胸襟与恢宏气度的人，知道怎样采用最有效的方法去实现他的人生理想，其成就的事业自然不可估量。

春秋时期，楚王宴请大臣。席间歌舞曼妙，美酒佳肴，烛光摇曳，气氛十分热烈。楚王就命令两位他最宠爱的美人许姬和麦姬轮流向各位敬酒。忽然一阵狂风刮来，吹灭了所有的蜡烛，漆黑一片，席上一位年轻的将军乘机摸了许姬的玉手。许姬一甩手，扯下了他的帽带，匆匆回到座位上向楚王告状，要求查处那个无礼的人。

楚王听了，连忙命令手下先不要点燃蜡烛，却大声向各位臣子说："我一定要与各位一醉方休，来，大家都把帽子脱了痛快地饮一场。"

众人都没有戴帽子，也就看不出是谁的帽带断了。君臣都十分尽兴。

后来楚王攻打郑国被困，有一位猛将独自率领几百人，过关斩将，杀出一条血路，将楚王救了出来。原来这位将军就是几年前在酒会上调戏许姬的年轻将军。楚王见他知恩图报，骁勇善战，就将许姬赐给年轻将军。这就是历史上著名的绝缨会的故事。

"人非圣贤，孰能无过"，楚王深深明白这个道理，方才成就其霸业。很多时候，我们都需要包容，包容不仅是给别人机会，也是给自己机会。

有位哲人说过："避免痛苦的最好方法，就是宽恕曾经伤害我们的人。宽恕不只是慈悲，也是修养。包容别人就等于宽容自己。"正所谓：送人玫瑰，手有余香；送人笑脸，也会得到笑的回报。

智慧感言

世界上最宽阔的是陆地，比陆地还宽阔的是海洋，比海洋还宽阔的是人的心胸。人的心胸就好比宇宙，能包容世间的一切。

以忍为上，不做逆境的牺牲者

在古希腊神话中，有一个西西里弗的故事。西西里弗因为在天庭犯了法，被天神惩罚，降到人世间来受苦。对他的惩罚是：要推一堆石头上山。每天，西西里弗都费了很大的劲把那块石头推到山顶，然后回家休息，可是，在他休息时，石头又会自动地滚下来，于是，西西里弗又要把那块石头往山上推。这样，西西里弗所面临的是：永无止境的失败。天神要惩罚西西里弗的，也就是要折磨他的心灵，使他在"永无止境的失败"命运中，受苦受难。

可是，西西里弗不肯认命。每次，在他推石头上山时，天神都打击他，用失败去折磨他。西西里弗不肯在成功和失败的圈套中被困住，他在面对绝对注定的失败时，表现出明知失败也绝不屈服的抗争意志。天神因为无法再惩罚西西里弗，就放他回了天庭。

西西里弗的命运可以解释我们一生中所遭遇的许多事情，其中最关键的是：生活中的困难都是有"奴性"的，如果我们凭自己的努力战胜了它，我们便是它的主人，否则我们将永远是它的奴隶。

顺境固然好，它可以让你毫不费力地到达自己理想的彼岸，但如果一个人处于逆境之中怎么办？其实，只有秉着信念之灯继续前行，我们才能真正到达阳光地带，到达我们的目的地。正如大多数成功者所坚信的那样："我知道我不是境遇的牺牲者，而是它们的主人。"

在一次记者招待会上，一名记者问美国副总统威尔逊贫穷是什么滋味时，这位副总统向我们讲述了一段他自己的故事。

"我在10岁时就离开了家，当了11年的学徒工，每年可以接受一个月的学校教育，最后，在11年的艰辛工作之后，我得到了1头牛和6只绵羊作为报酬。我把它们换成了 84 美元。从出生一直到 21 岁那年为止，我从来没有在娱乐上花过一美元，每个美分都是经过精心算计的。我完全知道拖着疲惫的脚步在漫无尽头的盘山路上行走是什么样的痛苦感觉，我不得不请求我的同伴们丢下我先走……在我 21 岁生日之后的第一个月，我带着一队人马进入了人迹罕至的大森林里，去采伐那里的大圆木。每天，我都是在天际的第一抹曙光出现之前起床，然后就一直辛勤地工作到天黑后星星探出头来为止。在一个月夜以继日的辛劳努力之后，我获得了 6 个美元的报酬，当时在我看来这可真是一个大数目啊！每个美元在我眼里都跟今天晚上那又大又圆银光四溢的月亮一样。"

在这样的穷途困境中，威尔逊先生下决心，不让任何一个发展自己提升自我的机会溜走。很少有人能像他一样深刻地理解闲暇时光的价值。他像抓住黄金一样紧紧地抓住了零星的时间，不让一分一秒无所作为地从指缝间流走。

他 21 岁之前，已经设法读了 1000 本好书——想一想看，对一个农场里的孩子，这是多么艰巨的任务啊！

智慧感言

要想真正地成功，就必须对自己说：我知道我不是境遇的牺牲者，而是它们的主人。

第六章 以和为贵

——社交中待人处世的艺术

在我国古代礼仪典籍《礼记》中有道:"礼之以和为贵。"讲究礼仪,意在善待别人,这是社交中待人处世的艺术。有价值的社交往往是以真诚和热情为前提条件的,性格孤僻冷漠的人永远不会有幸福和快乐。

善待身边的每一个人

在生活中经常可以看到一心扑在孩子身上的父母,也经常看到向情人慷慨地奉献自己爱情的年轻人,此外,对朋友怀着深情厚谊的也大有人在。友情就是对朋友的关心,所得到的回报则是自己能安稳而遂心地度过自己的一生。这种友情或友爱体现在各种各样的行动中。在日常生活里,倾注这种情感的机会多得不可胜数。比如抚慰困难的邻居,从心眼里为朋友和同事的成功而感到高兴,为朋友分忧解愁等。

不过,尽管心中怀着深厚的友情,可是由于生性腼腆或者其他原因而无法将自己的心意表露出来的人也有很大一部分,他们总是不好意思开口。为了克服这种犹豫退缩的毛病,我们应该从以下方面做努力。

无论见到谁都应该开朗地打招呼。不要对排挤自己的人怒目而视。那些善于与别人打交道,讨周围人喜欢,得到他人配合和帮助的人,其本身就是一个能与大家同甘共苦的人。"要像关爱自己那样关爱别人"这句话是宗教和哲学上所一贯提倡的,它无疑适合于任何时代和任何国家。正如精神分析法所主张的,爱自己即自爱,是人类的基本情感。可是要把这种爱从自己的身上转移到其他人身上去却谈何容易。我们要想获得成功,不妨尝试关爱别人,这时得到的不光是心灵的升华,还会得到更多的幸福。

如果一个人之所以要爱别人,是为了得到更大的回报,那这种关爱非真正的关爱,如果怀有这种功利心理去帮助别人,那么就毫无幸福可言,带来的不过是无穷的烦恼和心中的劳累。

一个人唯有被他人接纳时,才能体味到幸福和喜悦。当一个人得到赞赏时,他的精神就会马上振奋起来。他就会觉得自己很有价值,就能在充满惊涛骇浪的人生中勇往向前。所以为了让别人更容易接受自己,需要从日常生活中做起，需要从细节去关爱别人，因为这样别人才会感觉你是有爱心的人，更愿意肯定你喜欢你，到那时幸福的感觉会绵绵不断。

智慧感言

善待身边的每一个人，如果想要让自己获得幸福和成功，不妨学会去关爱别人。

不要让争辩伤了和气

在人际交往中，每个人都会遇到自己的观点不被别人认同，大至思想观念为人处世之道，小至对某人某事的看法，而由此很容易引发人与人之间的争执与辩论。

第二次世界大战结束后，卡耐基曾是澳洲飞行家史密斯的经理人，有一个晚上，他赴一个欢迎史密斯爵士的宴会，那时坐在他旁边的一位来宾，讲了一段很幽默的故事，里面有句让大家都觉得很经典的话，那位来宾指出那句话是出自圣经！其实那句话出自莎士比亚《哈姆雷特》第五幕第二场。卡耐基立刻就指出来了。但是那位来宾坚持他是正确的，两人大吵起来。卡耐基的朋友贾蒙就坐在他左边，他花了很多年的时间研究莎士比亚的作品，所以那讲故事的人和卡耐基，都同意把这问题交给贾蒙先生去决定。贾蒙静静听着，在桌下用脚踢了卡耐基一下；然后对卡耐基说："是你错了，这位先生才是正确的，那句话同样也是出自于圣经。"

也就是在那晚上回家的路上，卡耐基对贾蒙说："你明知道那句话是出自莎士比亚的作品，为何竟说我不对呢？"

贾蒙回答道：是的，一点也不错，那是在莎翁作品《哈姆雷特》第五幕第二场上。可是我相信你应该知道，我们是一个盛大宴会上的客人，为什么一定要找出一个证明，指责别人的一些错误呢？

"你这样做的话会让人家喜欢你,对你产生好感吗?你为何不给他留一点面子呢?他并没有征求你的意见,也不要你的意见,你又何必去跟他争辩呢?最后我要告诉你,永远避免正面的冲突,那才是正确的,记住'永远避免正面的冲突!'"

从某种意义上来说,争辩的过程其实是寻求真理的过程。通过争辩,可以使正确的一方更加坚持自己的观点,也可以使错误的一方改变认识,以正确的态度看待某件事情。

但事实却是,在争辩过程中,双方都想推翻对方的观点,树立自己的观点。基于这种心理,大家唇枪舌剑互不相让,使争辩成为一种带有"敌意"的语言行为。因此,想通过争辩建立良好的人际关系的愿望,一般很难实现。

但是,如果你能够在论辩之前多投入一些思考,在论辩结尾搞好"善后"工作,就能使你在辩论这种特殊交际场合,既做到探求真理,又不伤人际和气。

我们应该避免无益的争辩。当你意识到自己的想法、意见与人相左时,当你的言行遭人非议时,你的第一反应大概就是奋起辩驳。许多毫无意义的事情,往往就是在这种情况下发生了。

其实,只要你能够在论辩之前多投入一些思考,在论辩结尾搞好"善后"工作,就能使自己在辩论过程中,既做到个人心情舒畅,探求了真理,又不伤人际和气。

1. 避免无益之争

为了避免无益的辩论,我们需对如下问题进行冷静思考。

最终获胜有什么意义?没有什么积极意义。因此大可不必动用你的"唇枪舌剑",一笑置之最妙。同样,你也别向别人提出"挑战性"的问题,一定要选择有价值的通过争论使自己和他人都能受到启发和教育的问题,不必在无关宏旨的细节琐事上做文章。

你的辩论一番的欲望更多的是基于理智还是感情原因?诸如虚荣心,

表现欲望或面子上下不来。如果是感情原因，大可就此打住。同样，我们向人提出问题是否有感情的因素？如有，就同辩论的实质——探求真理背道而驰了。所以最好别去做这种不积极的提示而把他人引入无谓争辩的歧途。

对方是充满敌意的吗？他对你有深刻成见吗？如果是，那么在这种非理性的氛围中最好不要再火上浇油。同样，如果你是处于这样一种心境，绝对不要向对方提出论题辩论。因为此时你提不出理性的论点，在辩论伊始，就注定了失败。

2. 使争辩变成愉快的思想交流

我们一定要树立正确的观念，为追求真、善、美而去积极地争辩，同时把辩论置于科学基础之上，以理服人，让事实说话。不搞诡辩，不揭隐私；不搞人身攻击；不把观点的敌对引申为人际的敌对；不靠嗓门压人，有理不在声高。

用真情、善意、美感与人辩论，才能做到晓之以理动之以情。人是有感情的动物，如果你在论辩中既能做到以理制理，又能以情明理，你的辩论将会成为一种愉快的和平的思想交流。这样的论辩往往会以"听君一席话，胜读十年书"，"您让我心服口服"而结束。

3. 做好辩论的善后工作

经过一阵唇枪舌剑，胜负已成定局。观点的对立极易产生人际间的隔阂，因此做好辩论的善后工作，具有非常重要的意义。

如果你失败了，且败得其所，必须要有敢于向真理低头的胸怀。向真理低头并不等于向论辩者本人低头，在真理面前人人平等，你所服从的是对方所讲的道理。你低头，只能说你同他一样，对真理有了同等水平的认识，在人格上你们永远是平等的。所以，当你败下阵来的时候，应该以坦诚的态度来表达自己在这场争辩中所受的教益，以此道出你人格的伟大，在心理上足以弥补因辩论失败所造成的遗憾。

如果你在辩论中已经眼见对方哑口无言，败势已定，便应拿出"不杀降者"的气魄来,一是主动打住话题,结束对立场面;二是巧妙地为对方搭个台阶,让他在不失面子的前提下得以"平安下台"。胜负彼此心照不宣,何不抓住重归于和平的机会呢?

如果因辩论的需要你已经把对方打得一败涂地,切不可为了一点点虚荣把旗帜挂在脸上。人在得意时,克制更是一种美德。争论结束后,给对方端一杯茶,笑言一句:"瞧我们像孩子一样,这么认真!"或轻松自如地转一个话题。请记住:争论是一回事,人际交情又是一回事。人性都有很软弱的一面,易被击垮也易被扶起。你只要说一两句得体的话语,便可恢复对方刚刚失去的心理平衡,让他重返愉快平静,那又何乐而不为呢?

智慧感言

很多争辩是没有意义的。即使你胜了对方,对方已无话可说,但对方在心里肯定不舒服。如果你不想伤害你们之间的和气,那么就尽量不要争辩。

不要太计较个人得失

生活中,难免要与人打交道,有交往就难免会有得失。要想避免得失是根本不可能的。但对待得失,却有不同的态度。高明者,可以化怨气为祥和,退一步海阔天空,为自己赢得似锦前途;愚笨或性急者,则可能事事纠缠不休,闹将起来,结果往往更糟。

工作中,常见一些人对个人的得失计算得十分精细,从自身利益而非工作出发与人相处。对自己有利,或者看得顺眼的同事,在工作上就会配合对方。要是看不惯的同事,就懒得与其配合工作。这样做的结果,对自己是非常不利的。

当然,不计得失也并不是让你一味逆来顺受低眉顺眼。碰上不公平的

大事时要据理力争，可对许多繁杂的小事，对那些眼前的蝇头小利还是看得淡一点为好，切不可小心眼。既然工作中免不了受气，就应该聪明些；不然，白受了气，一无所获，才真是亏大了。

雨婷的性格活泼开朗，毕业后在一家化妆品品牌专柜做营业员。组长是个不苟言笑的女人，对人非常挑剔，从第一天上班开始，雨婷就受够了组长的闲气。上班时间要比别人早，下班时间要比别人晚；妆化淡了说不尊重客人，化浓了说她轻佻；吃饭时间只给半小时，参加自学考试也不通融给学习时间。最恼人的是，有一次雨婷因为经验不足出了点小的差错，组长就在会上当着全部门员工把她骂得狗血淋头，雨婷当场痛哭失声。

换了其他人，也许会申请换部门甚至郁闷辞职，但雨婷不是那种处处计算得失的人，天生不记仇。哭过就算了，顶多在同事聚会时，学学组长发嗲的声音和走路的样子自嘲而已。自己的工作，还是一如既往地尽量做好。终于，一年半后，她的业绩跃居小组第一，因工作出色被公司升为区域主管，后来升到经理。

雨婷的聪明之处在于，性格开朗，心胸豁达，对工作热情高涨，心里有自己的目标，为了前途不在乎一时的委屈，也不会想到报复，一切以事业为重。

像雨婷一样，在工作中超脱一些，我们会发现，表面上我们失去了眼前的利益，其实我们得到的更多——豁达的心境，融洽的人际关系，腾达的事业，更多的财富……忍耐虽然是痛苦的，但它的果实是甜蜜的。当然，关键还要看你所在的事业平台是否值得熬一熬。若面对的是毫无希望的企业加上坏脾气的老板，那还是赶快离开的好。

苏柠大学毕业，刚进入本地最大的广告公司时，发现学校里学到的东西，在实际应用中既不够用也不管用，致使办事成功率很低出错率很高。再加上有时同事的失误也算到她的头上，她为此常常受到责罚。苏柠并不计较太多，也不为自己争辩，只是努力工作。慢慢地，苏柠遭老板训斥的次数越来越少了。再后来，老板与苏柠之间的谈话从未出现过一句重话，有几次苏柠因故迟到,老板居然不问也不恼,一副视而不见的态度。

老板对苏柠陪着小心,只是因为苏柠现在已经是公司的骨干,举办展览、策划、文案、平面设计等都很有一套,还在专业领域获奖无数,成了公司的台柱子和金字招牌。当然苏柠也赚到了很多钞票,苏柠可以扬眉吐气了,因为她有反过来让老板看她脸色的资本。想想苏柠能有今天,还不是因为当初不计较一时的得失,沉住气埋头苦干的结果?

过分计较个人得失的人会给人斤斤计较的印象,让自己处于孤家寡人的境地,结果因小失大,不仅在人际关系上陷入僵局,生活和事业也会因此而受困。在生活和工作中,只有不计较得失,保持良好的心态,才能修炼好自己的性情,才能真正有所得。

得理也要让人三分

生活中,男人要有主动"让道"精神。在与他人交往中,常常会因为脾气、爱好、要求的不统一,价值观念的差异产生矛盾或冲突,此时我们应记住一位哲人的话:"航行中有一条公认的规则,操纵灵敏的船应该给不太灵敏的船让道。我认为,这在人与人的关系中也是应遵循的一条规律。"

做一个能理解容纳他人优点和缺点的人,才会受到他人的欢迎。那些只知道对人吹毛求疵,又非要和人争个输赢的人,怎么会拥有亲密的朋友呢?人们对他只有敬而远之!

人不讲理,是一个缺点;人硬讲理,是一个盲点。理直气"和"远比理直气"壮"更能说服和改变他人。

小王在一家著名的电器公司上班,他上班没多久就向一家大工厂销售了几台发动机。

过了一段时间，公司出了新产品，他再次到那家工厂里推销，原本以为对方见到他会夸他们的产品好并再向他购买几台的。可是，当那位总工程师一见到他的时候，就告诉他："我不会再买你们公司的发动机了！因为你们公司的发动机太不理想了。"

小王惊讶地问总工程师："为什么呢？"

"因为你们的发动机太烫了，烫得连手都不能碰一下。"

小王知道同对方争辩没有任何益处，于是他连忙说："对、对、对，我完全同意您的意见，如果发动机发热过高，应该退货，是吗？"

"是的。"总工程师又答道。

"自然，发动机是发热的，但您当然不希望它的热度超过全国电力协会规定的标准，不对吗？"

"对的。"总工程师又答道。

"依照标准的话，发动机很可能是比室内温度高72华氏度，对吗？"

"显然是对的。然而你的产品却比这高出了很多。"

这时的小王根本没有争辩，只问一句："你们车间的温度是多少？"

"大约是75华氏度。"小王依然继续说道："车间是75华氏度，另外再加上应有的72华氏度，总共是147华氏度。即使你把手放在147华氏度的热水龙头上，那么同样也会感到烫手啊！"

总工程师不得不再次点头赞成。"好了，以后请大家注意不要直接用手去触碰发动机了。请放心吧，那些完全都是正常的。"其最终结果是小王又做成了一笔生意。

记住一句话："恨永远无法止恨，只有爱可以止恨。"因此误会不能用争论进行解决，而是需要用外交手腕和赋予对方同情来解决。

林肯这样说过："一个成大事的人，不能处处计较别人，消耗自己的时间去和人家争论。无谓的争论，对自己性情上不但有所损害，而且会失去自己的自制力。在尽可能的情形下，不妨对人谦让一点。与其跟一只狗一路走，不如让狗先走一步。假如被狗咬了一口，即使你把这只狗打死，也不能治好你的伤口。"

然而，很多人一旦陷身于争斗的漩涡，便不由自主地焦躁起来，一方面为了面子，另一方面为了利益，因此一旦得"理"，便不饶人，非逼得对方鸣金收兵或竖白旗投降不可。然而"得理不饶人"虽然让你吹着胜利的号角，但却也是下次争斗的前奏，"战败"的对方失去了面子和利益，他当然要"讨"回来。

"得理不饶人"是你的权利，但不妨"得理且饶人"，这样也给自己留条退路。

得理不饶人，伤了对方，甚至毁了对方，这有失厚道。得理且饶人，也是积德。

《菜根谭》中指出，"径路窄处，留一步与人行；滋味浓的，减三分让人尝。此是涉世一极安乐法"。这句话旨在说明谦让的美德。凡事让步，表面上看好像是吃亏，但事实上由此获得的必然比失去的多。

人们往往把大海比作宽广的胸怀，因为大海能广纳百川，也不惧暴雨和巨浪；也有人把忍耐性比作弹簧，弹簧具有能屈能伸的韧性。人们在一个单位或集体中工作学习，难免会产生一些意见或矛盾。经常为一些鸡毛蒜皮的小事争得面红耳赤，谁都不肯甘拜下风，以致大打出手，就会既伤了和气，又造成恶劣影响。事后静下心来想想，当时若能忍让三分，自会风平浪静，大事化小，小事化了。事实上，越是有理的人，如果表现得越谦让，越能显示出他胸襟坦荡，富有修养，越能得到他人的钦佩。

得理不饶人，让对方走投无路，有可能激起对方"求生"的意志，而既然是"求生"，就有可能是"不择手段"，这对你自己也会造成伤害。好比将老鼠关在房间内，不让其逃出，老鼠为了求生，定咬坏你家中的器物。放他一条生路，他"逃命"要紧，便不会对你造成伤害。

智慧感言

得理让人，是一种人情积蓄，是真正智者的所为。

不要揭对方的伤疤

谁人无短处？对于自己的短处，我们自然不愿意别人提起！同样道理，我们也应该不提他人的短处，不揭别人伤疤。所谓"己所不欲，勿施于人"，揭短不仅惹人讨厌，还会损害自己的形象。

我国古代有个关于"逆鳞"的典故。逆鳞是龙喉咙下面一尺的部分，龙身上只有这一处的鳞是倒着长的，无论是谁触摸到这个部位，都会激怒龙，被它吃掉。其实人也是如此，无论一个人的出身、地位、权势和风度多么傲人，也都有不能被人言及，不能被冒犯的角落，这个角落就是人的"逆鳞"。

人们因为成长背景的不同和经历的迥异，因此都有自己的缺陷和弱点，可能是天生的不可改变的身体缺陷，也可能是隐藏在内心深处的不堪回首的经历，这些都是他们不愿提及的"疮疤"，是他们在社交场合极力隐藏和回避的问题。要知道，任何人都不想被击中痛处的，这对任何人而言，都是一件令人不愉快的事。因此，智者通常不会揭人之短，不去揭他人伤疤，更不会用侮辱性的言语加以攻击别人身上的缺陷。即使非得提及，也会用委婉的言语来谈论。

很多人可以吃闷亏，但就是不能吃"没面子"的亏。任何人都是这样，不会让自己的面子挂不住的，在他们看来，面子就是尊严的象征。所以在激烈的竞争中，同事之间还是应该保持和睦，尽量避免口舌争端的。因为人在吵架时最容易暴露自己的缺点，在争吵中，双方在众人面前互相揭短，使各自的缺点都暴露在大庭广众之中，无论对哪一方来说都是不小的损失。

琳和丽是某公司的一个部门里有两位职员，工作能力难分伯仲，互为竞争对手，谁会先升任为部门主管是部门内大家议论的话题。但这两个人竞争意识过于强烈，凡事总对着干，互不相让。快到人事变动时，他们的矛盾已激化到了不可收拾的地步，好几次互相指责，揭对方的短。上司及同事们怎么劝也无济于事，结果，两人都没有被提升，主管的职位被部门其他的同事获得了。因为他们在争执中互相揭短，在众人面前暴露了各自的缺点，让上司认为这两人都不够资格提升。

《菜根谭》中有句话说得好："不揭他人之短，不探他人之秘，不思他人之旧过，则可以此养德疏害。"办事聪明的人一定明白这句话中的含义，不会像例子中的琳和丽，针锋相对却两败俱伤。假如她们会及早预料到结果，肯定不会冒冒失失地挑起争端，反而会做好表面文章，让对方对自己充满好感，从而放松戒备心。在工作的竞争中，聪明的男人不会表现出自己对某人的厌恶，而是用巧妙的方法掩盖。

日常的工作和生活中，我们常常听到别人谈论他人，在这种情况下，聪明的男人首先能够做到，以善意的态度劝告他们不要背后议论别人，尽量缩小议论的范围，更不会以讹传讹。聪明的男人还懂得回避对他人的议论，在不得已必须做出评价或说明时，也只是点到为止。而不是主动挑起话题，甚至添油加醋一番。男人应该认识到，随声附和别人的议论是大错特错的。

所谓"打人不打脸，骂人不揭短"，我们在与他人交往时，要注意一些不能被提及的"禁区"。就如，我们不会在瘸子面前说短，在胖子面前提肥，在"东施"面前言丑一样。

智慧感言

避讳不仅是处理人际关系的技巧问题，更是对待朋友的态度问题，尊重他人就是尊重自己。为自己留些口德，避免了"祸从口出"。

宽容那些伤害过你的人

68岁的威廉·传坎伯,在史泼坎城开了一家小餐馆,因为他的厨子一定要用茶碟喝咖啡,威廉·传坎伯非常生气,抓起一把左轮枪去追那个厨子,结果因为心脏病发作而倒地死去,死时手里还紧紧抓着那把枪。验尸官的报告宣称:他因为愤怒而引起心脏病发作。

"爱你的仇人",是在告诉我们怎么样改进我们的外表。有这样一些人,他们的脸因为怨恨而有皱纹,因为悔恨而变了形,表情僵硬。不管怎样保养,对他们容貌的改进,也不及让他们心里充满了宽容和爱所能改进的一半。

要是我们的仇家知道我们对他的怨恨使我们精疲力竭,使我们疲倦而紧张不安,使我们的外表受到伤害,使我们得心脏病,甚至可能使我们短命的时候,他们会拍手称快的。

因此,即使我们不能爱我们的仇人,至少我们要爱我们自己,我们要使仇人不能控制我们的快乐,我们的健康和我们的外表。

乔治·罗纳在维也纳当了很多年律师,但是在第二次世界大战期间,他逃到瑞典,一文不名,很需要找份工作。因为他能说并能写好几国语言,所以希望能够在一家进出口公司里,找到一份秘书的工作。绝大多数的公司都回信告诉他,因为正在打仗,他们不需要用这一类的人,不过他们会把他的名字存在档案里……不过有一个人在给乔治·罗纳的信上说:"你对我生意的了解完全错误。你既错又笨,我根本不需要任何替我写信的秘书。即使我需要,也不会请你,因为你甚至于连瑞典文也写不好,信里全是错字。"

当乔治·罗纳看到这封信的时候,简直气得发疯。于是乔治·罗纳也写了一封信，目的要想使那个人大发脾气。但接着他就停下来对自己说："等一等。我怎么知道这个人说的是不是对的？我修过瑞典文，可是并不是我家乡的语言，也许我确实犯了很多我并不知道的错误。如果是这样的话，那么我想得到一份工作，就必须再努力学习。这个人可能帮了我一个大忙，虽然他本意并非如此。他用这种难听的话来表达他的意见，并不表示我就不亏欠他，所以应该写封信给他，在信上感谢他一番。"

于是乔治·罗纳撕掉了他刚刚已经写好的那封骂人的信，另外写了一封信说："你这样不嫌麻烦地写信给我实在是太好了，尤其是你并不需要一个替你写信的秘书。对于我把贵公司的业务弄错的事我觉得非常抱歉，我之所以写信给你，是因为我向别人打听，而别人把你介绍给我，说你是这一行的领导人物。我并不知道我的信上有很多文法上的错误，我觉得很惭愧，也很难过。我现在打算更努力地去学习瑞典文，以改正我的错误，谢谢你帮助我走上改进之路。"不到几天，乔治·罗纳就收到那个人的信，请罗纳去看他。罗纳去了，而且得到了一份工作。乔治·罗纳由此发现"温和的回答能消除怒气。"

在美国历史上，恐怕再没有谁受到的责难、怨恨和陷害比林肯多了。但是根据传记中记载，林肯却"从来不以他自己的好恶来批判别人。如果有什么任务待做，他也会想到他的敌人可以做得像别人一样好。如果一个以前曾经羞辱过他的人，或者是对他个人有不敬的人，却是某个位置的最佳人选，林肯还是会让他去担任那个职务，就像他会派他的朋友去做这件事一样……而且，他也从来没有因为某人是他的敌人，或者因为他不喜欢某个人，而解除那个人的职务。"

很多被林肯委任而居于高位的人，以前都曾批评或是羞辱过他——比方像麦克里兰·爱德华·史丹顿和蔡斯。但林肯相信"没有人会因为他做了什么而被歌颂，或者因为他做了什么或没有做什么而被废黜。"因为所有的人都受条件、情况、环境、教育、生活习惯和遗传的影响，使他们成为现在这个样子，将来也永远是这个样了。

智慧感言

我们也许不能像圣人般地去爱曾经伤害过我们的人,可是为了我们自己的健康和快乐,我们至少要原谅他们,忘记他们,这样做实在是件很聪明的事。我们永远不要去试图报复曾经伤害过我们的人,因为如果我们那样做的话,我们会深深地伤害了自己。

善待他人的缺点

"不责小人过,不发人隐私,不念人旧恶。三者可以养德,亦可以远害。"不责小人过,就是不要责难别人轻微的过错,人不可能无过,不是原则问题不妨大而化之。

毕竟人无完人,倘若过于苛责别人,挑鼻子挑眼,发现他这也不好,那也不对,那么再好品质与能力都交不到好友。他的人际关系也会处理不好。

有一位同学,可以说是一个很好的人,他诚实,乐于助人,不伪装,也从来不投机取巧,不做一点亏心事,更不占别人便宜。然而,像他这样的一个好人,却不受别人欢迎,这是什么原因呢?

原来,他有一个很糟糕的毛病,就是喜欢跟朋友争辩,看见朋友有一点点缺点,就加以批评指责,一点面子也不留给朋友。把朋友的一时疏忽或无心的过失,说成是存心不良或者是行为不端。也不能容忍朋友对他有什么不恭敬,不忠实之处。如果他吃了别人一点的亏或受了别人一点点欺骗,那他就把对方当作罪大恶极无耻之极的人,与之断交。

其实,只要想一下就可以知道,这种性格是多么偏执,对自己要求严格,这自然是千该万该十分正确的事。但不要因此就以自己的标准来要求别人,不能容忍别人丝毫的错误与缺点。如果不是这样,很容易会激起别人的反感,也让自己很烦恼。

在现实中,有的人责备别人的过失,不讲方法,只图一时之愤,是得不偿失的。

几个朋友同室而居,其中一个常常不打扫卫生,不提水,另一个朋友就常在别人面前说那人的坏处,牢骚满腹。久而久之,传入那人的耳朵,室中的气氛越变越坏,两人开始冷战,一屋子都不得安宁,工作也受到影响。

朋友就像是我们的左臂右手,人生的每一个阶段都有特定的朋友陪我们走过。我们该如何对待朋友的缺点和不完美之处呢?

1. 分析他们犯错的原因

可能是受到恶劣环境的影响,可能是因为他们自己认识不清,也可能只是一时疏忽,有时还可能因为求好反而犯了错误,主观上求好,而客观上犯了错误。大多数的错误都是可以原谅,也都是可以改正的,我们应该多给朋友一次改正的机会,而不可一棍子全部打死。

2. 讲究方法,达到劝慰的最佳目的

我们应该抱着珍惜友情的态度,对朋友的错误,在不伤及其自尊心的原则下,诚恳而婉转地加以解释与劝导,安慰他们的苦恼,鼓励他们改正。

人往往缺乏容忍朋友缺点的雅量,其实世间并无绝对完美的人,所以交朋友须有宽容的思想,一个人若想创造一番事业,必须有恢宏的气度,能容天下人的胸襟和雅量,才能为天下人所容。

智慧感言

《菜根谭》上说:"人有顽固,要善化为海,如愤而疾之。是以顽济顽。"对于别人的顽固的行为,应善加开导,而不是愤而疾之。试想,两块顽石相撞,怎么会撞出友情?

不要背后说人是非

中国有句古话："若要人不知，除非己莫为。"也就是说，不要以为你做的事，说的话别人没看见没听见就不会知道，只要你做了说了，别人就一定会知道的，如果不想让别人知道那就不要做不要说。

在职场应酬中，总有些人喜欢聚在一起，谈论的却是那些不在场同事的是非。一提到这些道人长短，论人隐私的话题，大家就显得兴致勃勃，现场的气氛也随之热烈起来。但是，这种搬弄是非，道人长短的话很容易传到对方耳中。尤其是几经传播，原话可能已经在传播的途中被添油加醋，不堪入耳。别人听到谣言首先不满的肯定是这个话题的始发者，因为他根本不知道经过了多少人的传播，也不知道这些传播者在里面加了多少料。所以在人背后议论人是非是极不明智的做法。

运气不好的时候，你说的话正好被当事人当场听到，或是被与当事人关系密切的人听到。而且，被听到的内容并非一清二楚，而是断断续续的话，这中间没听到的部分可就任凭别人想象了。在这种情况之下，一根鹅毛被听成一只鹅也不稀奇。若是好话别人听了可能还很高兴，可若是坏话，别人定然会从此对你抱有成见。

总括起来说，背后说人坏话的危害主要有如下三点。

一是说人的坏话，很快就会传出去。要相信，世上没有不透风的墙，尤其在这个人们都愿意用传话的方式表示跟他人亲近的社会。

另外，一定会有人和你有同样的不满，只是别人不讲而已。他们一旦发现你在说这样的话，可以立即以你的名义，说这种意见是你说的，快速向外传播。这样，很容易使你与他人之间产生矛盾，你多了敌对面，多了前进的阻力。这些被你中伤的人也一定不会善罢甘休。

二是凡事总挂在嘴上,别人会认为你小心眼,而且自己不停地说也等于在不停地提醒自己,容易使自己越想越难过,远不如干脆忘掉。心里压抑事情太多的人容易生病,对自己的身心健康不利。

三是有这种毛病的人,极易损毁自己的形象,别人与你接触就会想"你在我面前说别人的坏话,肯定也会在别人面前说我的坏话。"这样使人不敢接近你,都不得不提防你。

所以与其这样得罪所有人,不如自己心里明白就好,有些坏话不得不说的话,建议用一种委婉的方式与本人面谈,这样人家比较容易接受,也可能觉得你这个人比较正直而增添对你的信任度。

智慧感言

背后说人短是一种很不礼貌的行为,对于喜欢背后说人短的人,大家只会敬而远之。因此,要想做一个受欢迎的人,请不要背后说人是非。

不要伤害他人的自尊

前面我们无数次提到不管与什么人交谈,保留别人的自尊是很重要的,批评也好、拒绝也好都只能是就事论事。俗话说:"树要皮,人要脸。"所谓"脸",就是人的自尊。人如果没有了自尊,那便无药可救了。没有自尊的人有两种情况:一种是自己失去的,一种是叫人给毁伤的。对前一种人,我们在接触中所做的努力或许很少,但后一种情况,我们——尤其是当领导的却要千万注意。不少人的自尊心恰恰是被领导者毁伤的。

有些人由于工作上能力较差,但是努力上进,考取了好学校,毕业进入政府机关。可是因为能力有限,又急于跟上大家的脚步,时常多做多错,反而给人添麻烦。于是每个单位都想将他调走,但似乎又没有地方肯接纳他。有的领导便会对人说:"他要是能调走,我磕头都愿意!"这种话让人听见便是极伤人自尊心的。

事实上，尺有所短，寸有所长，即使是在工作场所中被视为无用的人，也有他自己的想法与自尊心。他或许在这方面做得不好，却在某一方面潜藏着特长；也许，他一无所长，但他却也因此比别人更勤奋卖力。偌大个单位，总该有适合他的工作可做，而不应对他抱嫌弃的态度。这样会连他仅有的上进之心都给磨灭了，甚至让他产生"多做多错，不如不做"的想法。

有的人本身能力不错，但因为偶尔做错了事，也会引得某些人说出伤他自尊心的话来。比如："你是什么东西？"或者说："你这个家伙，成事不足，败事有余！"这种话一出口，不是叫人心灰意冷，就是引起人家委屈，不平，大吵大闹。

调查研究表明：凡是自尊心很强的人，不论在什么岗位上，都会尽自己的努力而不甘落后于人。明智的人要保护他人的自尊心，还要想方设法加强他人的自尊心。比如，注意礼貌，让他们充分体会到自己作为一个人与他人在人格上是平等的；或使用适当的褒奖，让他们有荣誉感等。

自尊心受到毁伤的程度是不同的，有的属于局部的，就是说，被害者的自尊心并未完全失去，他还能感觉到自己受了伤害，这样的他会记住那个伤害他的人，甚至对之采取排斥仇恨的态度。如果这个人是他的领导，他要么积极地谋划调离本单位，要么便采取"左耳进右耳出"的态度。只要是你说的话，你下的指示，他都不会尽心尽力心甘情愿地去办。这样，怎么可能把工作搞好呢？

另一类是全部的，就是说，被害者已经全然失去了自尊。甚至他感觉不到什么叫自尊心受伤害。他自暴自弃，自甘堕落，什么乌七八糟的事都干。这样的人就完全属于被你毁了，甚至他身边的人都会因此怨恨你！

 智慧感言

伤害他人自尊不仅很不礼貌，也很不明智，更是不道德的！

对人多点宽容，不要太斤斤计较

宽容是人生的一种豁达，是一个人有涵养的表现。交际过程中没有必要和别人斤斤计较，更没有必要和别人争强斗狠。

第二次世界大战结束后不久，在一次大选中，丘吉尔落选了。他是个名扬四海的政治家，对他来说，落选当然是件极狼狈的事，但他却极坦然。当时他正在自家的游泳池里游泳，是秘书气喘吁吁地跑来告诉他："不好！丘吉尔先生，您落选了！"不料丘吉尔听了却爽朗地一笑说："好极了！这说明我们胜利了！我们追求的就是民主，民主胜利了，难道不值得庆贺吗？朋友，劳驾，把毛巾递给我，我该上来了！"丘吉尔是那么从容，那么理智，只说了一句话，就成功地表现了宽容豁达的大政治家的风范。

什么是宽容？法国文学大师雨果曾说过这样一句话："世界上最宽阔的是海洋，比海洋宽阔的是天空，比天空宽阔的是人的胸怀。"宽容是一种博大，它能包容人世间的喜怒哀乐；宽容是一种境界，它能使人生跃上新的台阶。在生活中学会宽容，你便能明白很多道理。

世界由矛盾组成，任何人或事情都不会尽善尽美。无论是"患难之交"，"亲朋好友"，还是"金玉良缘"，"模范夫妻"，都只是相对而言。他们的矛盾，苦恼常被掩饰在和谐的光环下，而掩盖的工具恰恰是宽容。不必羡慕人家，不要苛求自己，常用宽容的眼光看世界，事业、家庭和友谊才能稳固和长久。

宽容就是忍耐。面对同事的批评，朋友的误解，过多的争辩和反击实不足取，唯有冷静，忍耐，谅解最重要。退一步，天地自然宽。

宽容就是忘却。人人都有痛苦，都有伤疤，动辄去揭，便添新伤，旧痕新伤难愈合。忘记昨日的是非，忘记爱人曾经有过的一段浪漫，忘记别人先前对自己的指责和谩骂……时间是良好的止痛剂，学会忘却，生活才有阳光，才有欢乐。

宽容就是潇洒。"但得绿杨堪系马，何愁无路通长安"，宽厚待人，容纳非议，是事业成功、家庭幸福美满之道。事事斤斤计较，患得患失，活得也累。难得人世走一遭，潇洒最重要。

在我们这个世界上，每年都有成千上万的人，因不懂宽容而付出了高昂的代价，因不能够忍耐而毁了自己的前程，因一时的感情冲动而结束了自己宝贵的生命。我们应该有勇气接受世界上的一切不幸和灾难，并在此基础上求生存和发展，尽可能把这些不幸和灾难对我们造成的损失降到最低限度。如果我们不负责任地感情用事，企图以更大的代价来补偿已经付出的代价，以更大的损失去弥补已遭受的损失，其实是在和自己过不去。

我们每个人都应该理智，冷静，稳重，遇事要三思而后言，三思而后行。在采取某种重大行动之前，必须反复告诫自己：千万别感情用事！感情用事，常常是不会有好结果的。人贵有自知之明。须知太阳不是为自己而升起的，地球不是为自己而转动的，哪个人都不是必不可少的，都不是时时处处正确的。须知合理的，适当的，理智的让步，必将有助于矛盾的消除和事情的解决。

我们必须把自己的聪明才智，用在有价值的事情上面。集中自己的智力，去进行有益的思考；集中自己的体力，去进行有益的工作。不要总是企图论证自己的优秀，别人的拙劣，自己的正确，别人的错误。不要事事，时时，处处唯我独尊，不要事事，时时，处处固执己见。

智慧感言

在非原则的问题和无关大局的事情上，善于沟通和理解，善于体谅和包涵，善于妥协和让步，既有助于保持心境的安宁与平静，也有利于人际关系的和谐和社会环境的稳定。

虚心接受别人善意的忠告

"忠告如雪，下得越静越长留心田，也越深入心田"。在人的一生中，总是蕴藏着或多或少这样那样的问题。当有人在我们出现问题的时候，及时给予我们忠告，我们一定要正视它，寻求解决之道。如此，才能使我们的人生更有意义。

人非圣贤，孰能无过？我们每个人在性格或在待人处世方面，总难免有不曾发觉的死角或是一时疏忽。若在此时，有人提醒我们的缺点，我们应衷心感激。所谓朋友之道，贵在劝导善意忠告。善意忠告是别人送给你最丰富的礼物。

孔子云："良药苦口利于病，忠言逆耳利于行。""人受谏，则圣；木受绳，则直；金受砺，则利。"然而现代社会，能够直言不讳地指责他人缺点者已日渐减少。

大部分人在一般情况下都不愿意冒着使别人恼恨的危险去善意忠告别人，而都抱着独善其身的态度漠视一切。追究其原因，如果人人皆能诚恳虚心地接受别人的善意忠告，而且人人都期待他人的善意忠告，则又会是一种什么样的景象呢？

其实，真正能够苦口婆心地劝告我们，指责我们的人是谁呢？不外是父母、师长、兄弟、妻子朋友或子女等。他们的目的无非是希望我们在人际关系上更圆满，在事业上更成功。

自古忠言逆耳。大多数人对于善意忠告总是有一种逆反心理，从而导致原有的密切关系破裂。在某种程度上说，善意忠告的确是一件危险的事情。如在这种情况下仍有不顾后果提出善意忠告者，一定是对我们怀有深厚感情之人。一个从来不曾受到他人善意忠告的人，看似完美无缺，实际上可说他是一个无良好人际关系的真正孤独者。

从另一个角度来说，善意忠告者也能从你的态度中得知你是否是一个坦诚的人，或是个骄傲自大的人，或冥顽不灵的人，进而影响对你整个人格的评价。一个谦虚上进追求完美的人一定是个能够接受任何善意建议的人。如此，即使是与你只有点头之交的人，也将乐于对你提出善意忠告。

具体而论，接受别人的善意忠告，应把握以下几点。

1. 不逃避责任

别人善意忠告你时，如果你"但是"、"不过"、"因为"等如此一味地辩解，或急欲掩饰过错保护自己，只会使你的过失更加严重，使存在的问题变得更加复杂，从而无法寻找正确的解决之道。

2. 不强词夺理

有些人在犯错误之后，受到长辈的指责，非但不思悔改，反而理直气壮地陈述自己的不正确的理由，说："你也曾年轻过呀！难道你年轻时就那么十全十美从没犯过错误吗？"如此的态度将使长辈甩袖而去，再也不管你的事了，这对自己有害无益，而且将会阻碍你人格的发展。

3. 不自我宽恕

许多人遭到失败时，总是替自己找许多理由和借口来宽恕自己。或认为不是自己能力不高，而是时运不济等。如持这种态度，则最终仍将无法克服自己的缺点，而使自己更显孤独，对于别人的善意忠告不要漠然置之，必须表现出乐于坦诚接受的态度。

4. 对事不对人

对于别人的善意忠告，应仔细反省其所指责的事物，而绝不应该耿耿于怀。敞开胸怀接受批评，彻底反省、思过、改进，接受善意忠告并善加活用，使他人的善意忠告成为自我成长的原动力，这才是一个正常人应持的正确的处世态度。

智慧感言

受到善意忠告正说明你周围有人在关心你。所以，一定要报以虚心的态度去接受，坦然面对；否则，你的朋友将会弃你而去。

开玩笑不要触及别人的痛处

没有笑声的生活和没有幽默感的男人都是无味的。在人际交往中，开个得体的玩笑，可以松弛神经，活跃气氛，营造出一个适于交际的轻松愉快的氛围。但是，千万不能碰到别人的痛处，那样只会适得其反。

聊天的时候，开个玩笑，幽默一下，能融洽交谈的气氛。但是，开玩笑也要讲究时机和场合，更要看对象。如果你拿别人的忌讳开玩笑，恐怕不仅不会起到幽默的效果，还会适得其反。

刘军平时爱说爱笑，性格开朗活泼。一次在同学聚会上，他遇到了朋友小章，小章是个秃头，当得知他最近高升后，刘军快言快语地说道："你小子，可真行啊，真是热闹的马路不长草，聪明的脑袋不长毛。"说得大家哄堂大笑，小章红了脸，说："你的脑袋才不长毛呢。"结果原本高兴的同学聚会，闹了个不欢而散。

其实，聊天中开玩笑的人动机大多都是友好的，但若把握不好分寸和尺度，就会产生不良后果，所谓"说者无心听者有意"。因此，聊天开玩笑的时候掌握一些分寸还是很有必要的。

电影《十五贯》说的就是因一句玩笑引发的悲剧。尤葫芦喜欢开玩笑，而他的养女苏戌娟却爱较真。一次，尤葫芦对养女开玩笑说："我已经把你卖了。"不料，苏戌娟信以为真，竟在夜里偷偷逃走了，跑得匆忙，忘了关门，正巧娄阿鼠前来行窃，杀死了尤葫芦。而苏戌娟却被疑为谋财害命而被捕下狱。如果是别人，听了这个玩笑，撒个娇或回敬个玩笑也就算了,可尤葫芦却不顾养女的性格特点,开了这个"严重"的玩笑,酿成了悲剧。

你拿对方的缺点开玩笑,即使你是无心的也很容易被对方认为你是在冷嘲热讽,倘若对方又是个比较敏感的人,你会因一句无心的话而触怒他,以致毁了两个人之间的友谊。而且这种玩笑话一说出去,是无法收回的,也无法郑重地解释。到那个时候,再后悔就来不及了。

所以,开玩笑活跃气氛固然是好事,但是开玩笑的时候,一定要把握分寸,避人忌讳,以下几点需要注意。

1. 分清对象

同样一个玩笑,能对甲开,不一定能对乙开。人的身份、性格、心情不同,对玩笑的承受能力也不同。

对方性格外向,能宽容忍耐,玩笑稍微过大也能得到谅解。对方性格内向,喜欢琢磨言外之意,开玩笑就应慎重。对方尽管平时性格开朗,假如恰好碰上不愉快或伤心事,就不能随便与之开玩笑。相反,对方性格内向,但正好喜事临门,此时与他开个玩笑,效果也会出乎意料的好。

2. 场合要适宜

总的来说,在庄重严肃的场合不宜开玩笑。开玩笑是要看场合的。

玩笑虽然可以换来人们欢快的笑声,而且可以释放自身的悲哀。但是值得注意的一点是,开玩笑不能过分,尤其要分清场合和对象。

3. 内容要高雅

开玩笑,如果没有知识与品格做支点,便要流于一般的低级趣味了,所以要注意玩笑的内容。内容健康格调高雅的笑料,不仅给对方启迪和精神的享受,也是对自己美好形象的有力塑造。

4. 行为要适度

开玩笑除了可借助语言外,有时也可以通过行为动作来逗别人发笑。

有对小夫妻,感情很好,整天都有开不完的玩笑。一天,丈夫摆弄鸟枪,对准妻子说:"不许动,一动我就打死你!"不料鸟枪走火,结果妻子被意外地打成重伤。可见，玩笑千万不能过度。

5. 态度要友善

与人为善是开玩笑的一个原则。开玩笑的过程，是感情互相交流传递的过程，如果借着开玩笑对别人冷嘲热讽，发泄内心厌恶不满的感情，那么除非是傻瓜才识不破。也许有些人不如你口齿伶俐，表面上你占到上风，但别人会认为你不尊重他人，从而不愿与你交往。

智慧感言

聊天中开玩笑的人动机大多都是友好的，但若把握不好分寸和尺度，就会产生不良后果。因此，聪明的男人不会拿对方的缺点开玩笑。

人至察则无朋

良好的洞察力本来是一个人的优点，但是如果精锐的双眼盯在别人的缺点上，发现这个这里不好，觉得那个也不行，横挑鼻子竖挑眼，如此"至察"，自然把朋友都"吓"跑了。古语说："水至清则无鱼，人至察则无徒。"一个人过于清醒明白，自命清高，往往难以合群；发现了别人的缺点和失误又挑三拣四地点评一番，以自己的标准苛求他人，这种人不容易和别人成为好朋友。

办公室里丽贝卡最讲究。她的办公桌总是一尘不染，文件摆放得整整齐齐，抽屉里放的小杂物也按照一定的标准分好类。

"丽贝卡，你真是一个讲卫生的好姑娘！"上司夸奖她说。

"你这么善于整理，什么时候帮忙收拾一下我那个烂摊子？"男同事瑞得指着自己的办公桌央求她。

"尼克真是好运气，以后娶了你，家里不知被布置得多么温馨！"女伴们也这样夸赞她。

丽贝卡更加高兴了,经常勤快地打扫办公室,她一边干一边对同事说:"看看,瑞得的桌子,他似乎从来不擦,我甚至怀疑他每天洗不洗澡,早上刷不刷牙……"

"托马斯也真够懒散的,他几乎没有提过一次水!"

"谁动了我桌上的文件?昨天下班时,它们可不是这样摆放的……"丽贝卡冲同事们叫道。

不知从什么时候起,同事们很少找丽贝卡,都远远地隔着她的办公桌。倒是被她认为脏兮兮的瑞得人气最旺,同事们经常凑到一起开玩笑,聊聊天。

尼克,她交往了两年的男友也没有珍惜自己的好运气,他主动提出和她分手:"丽贝卡,你是个好姑娘,但是,你的那些标准让我紧张,我实在不知道什么东西应该放在哪里……这样的生活我不会快乐的……"

丽贝卡最终成为孤家寡人,并不是因为她讲卫生的好习惯,而是因为她的精明善察。

至察者无朋,一味对别人苛刻挑剔只能让别人和自己合不来。真正有修养的人会以宽容豁达的胸襟对待周围的人,包括他们的失误和缺点。当那些不懂事,度量小,修养浅的人做了不利于自己的事时,也能宽容他们,谅解他们,不和他们一般见识。在融洽、平等、祥和的气氛中处理问题,千万不要因为自己掌握着标尺,而认为自己就是最正确的哲人或者圣者。这样自居尚且令人讨厌,如果以这样的身份和高傲的口吻凌驾于对方之上,对其指手画脚则愚蠢得不可饶恕。

做人不要过于精明,给别人创造一个宽松的人际环境的同时,也给自己一个快乐的空间。

 智慧感言

人太过于精明,只会让周围的人越来越远离你。如果不合群,没有他人的帮助,即使是再有能力的人,也不会获得成功。

谦虚让你更有人缘

在这个世上，人才比比皆是，你需要学会自信，但也要学会谦恭自律，不要遇事非得一争高下。

在一个单位里和上司、同事相处，明智的做法是虚心请教，真心诚意地请他们指出你应该如何努力，也可以谈论别人值得骄傲的东西，向他取经。这样做会引起他的好感，使别人认为你是一个对他真心钦佩，虚心学习而且很有发展前途的人。

美国第三届总统托马斯·杰斐逊曾经说过一句话："每个人都是你的老师。"杰斐逊出身贵族，他的父亲曾经是军中的上将，母亲是名门之后。当时的贵族除了发号施令以外，很少与平民百姓交往，他们看不起平民百姓。然而，杰斐逊没有秉承贵族阶层的恶习，主动与各阶层人士交往。

他的朋友中，当然不乏社会名流，但更多的是普通的园丁、仆人、农民或者是贫穷的工人。他善于向各种人学习，懂得每个人都有自己的长处。

有一次，他对法国伟人拉法叶特说：你必须像我一样到民众家去走一走，看一看他们的菜碗，尝一尝他们吃的面包，只要你这样做了的话，你就会了解到民众不满的原因，并会懂得正在酝酿的法国革命的意义了。

由于杰斐逊作风扎实，深入实际，他虽高居总统宝座，却很清楚民众究竟在想什么，他们到底需要什么。这样，在密切联系群众关系的基础上，进而造就他成为一代伟人。

同样，居里夫人也以她谦虚谨慎的品格和卓越的成就获得了世人的称赞，她对荣誉的特殊见解，使很多喜欢居功自傲浅尝辄止的人汗颜不已。也正因为她的高尚品格的影响，以后她的女儿和女婿也踏上了科学研究之路，并再次获得了诺贝尔奖，成为令人敬仰的两代人三次获诺贝尔奖的家庭。

谦虚谨慎是一个优秀男人必备的品格,具有这种品格的人,在待人接物时能平易近人,尊重他人,善于倾听对方的意见,并虚心求教,对待自己有自知之明,在成绩面前不居功自傲。无论你从事什么职业担任什么职务,只有谦虚谨慎才能保持不断进取的精神,增长更多的知识和才干。

智慧感言

具有谦虚谨慎的品格,能使一个人在面对成功和荣誉时不骄傲,并把它视为一种激励自己继续前进的力量,不会陷在荣誉和成功的喜悦中不能自拔,也不会把荣誉当成包袱背起来,沾沾自喜于一时之功,不再进取。

善于与人合作,共创双赢

懂得如何与他人交流,懂得如何与他人合作的人总是会比待在家中消息闭塞孤独寂寞的人更容易成功。

当你年轻气盛的时候,难免会桀骜不驯,认为自己有撑起一片天的本事,殊不知正是因为大地的支撑我们才有站在那儿说话的力气。人类之所以是一个群居的群体,是因为互相之间需要帮助,需要扶持。即使科学家们在尖端的发明上,也离不开各个学科基本原理的支持。所以年轻的你不要妄想有属于一个人的成功。

大乌鸦是一种极优秀的高空搜索动物,当它们在高空发现受伤或死亡的猎物时,便会把消息传达给大乌鸦群与狼群,并充当它们的信差,带领两个不同的族群到达猎物所在的地点。此时,野狼强壮的爪子可以为大乌鸦撕开猎物的躯体,为彼此提供充足的食物,以应付危机四伏的原野生活。

当狼与大乌鸦一起进食时,它会象征性地扑向身旁的乌鸦,但永远不会真正去伤害乌鸦,把乌鸦当成自己的食物。而乌鸦似乎也懂得这一点:

二者间的追赶只是一种游戏。

狼族为大乌鸦扮演着剖开猎物的屠夫角色，大乌鸦则为狼族扮演着传达信息的侦察兵和清理食物残渣的清洁工角色。它们不仅共同生存在自然界里，而且似乎合作愉快。这种合作关系，让它们双方在适者生存的竞争考验中，成为千百年来持续领先其他动物的最优秀群体之一。

牛顿曾经说，他之所以取得成功是因为他站在巨人的肩上。"站在巨人的肩上"，这句话是说，任何人的成功都不可能是一个人做出来的，都与别人的合作有很大关系。

在一次"迷路"实验中，实验者把五个六周岁的儿童分别带到陌生街区的不同位置，然后暗中监控他们的行踪。其中，有两个孩子很有礼貌地求助于路过的行人，仅用了二十分钟左右的时间就回到了出发地点。另有两个孩子闷着脑袋"独立奋斗"了近一个钟头，最终还是鼓起勇气向行人问路，才得以走出迷途。令人遗憾的是，有一个孩子自始至终不知道问路或请求别人帮助，最后竟急得大哭起来，最后只好把他接了回来。

交往与合作与其说是个体在成长过程中学到的一种能力，不如说是在潜移默化中逐渐形成的一种习惯。有交往与合作习惯的人，在心理学上被认为是"外向"的人。外向与内向同是个体的人格特质，都是与生俱来的，只不过由于环境和教育的影响，个体的处事习惯，思维习惯和情感习惯使其中某一种特质表现得更加突出一点罢了。

积极与他人交往合作，学习上工作上生活上你都会从中享受到合作的乐趣。学习上，因为合作，你可以从同学那儿得到自己没有领悟到的老师讲解课程的精髓；工作上，你会因为同事间的默契而让自己的工作游刃有余；生活上，你会因为朋友的关心与帮助得到自己意想不到的幸福。

智慧感言

如果你现在还不喜欢与人合作，那就去尝试一下吧。尝试一下从别人身上发现你需要的点子，尝试一下互帮互助的快乐，你们会借助彼此的翅膀展翅高飞。

第七章 决胜职场

——男人职场交际有学问

在职场上,人人都在追求成功。不过,渴望成功的人很多,但真正能够取得成功的人很少,原因在于很多人没有真正领悟职场的玄机。只有懂得了职场交际的学问,才能在工作中做到如鱼得水,游刃有余!

与同事融洽相处有技巧

每个身在职场的人,都希望与同事融洽相处,团结互助。他们深知,与同事建立一种美好和谐的人际关系,不仅有益于工作水平的提高,还会令人心情愉快舒畅。但是由于当今复杂的社会心态,很多人在初尝人间冷暖后,便发出了"同事难处"的抱怨,大有世态炎凉之慨叹。

其实不然。随着社会变革和人们价值观念的转变,现今的人际关系的确日趋复杂,但在如何与同事相处这一人际关系问题上,仍大有规律和技巧可循。

1. 谦逊是金,不要炫耀自己的成就

有些人在工作中,总想让同事知道自己的能力,便大力炫耀自己的能力,这是职场交际中的普遍心理。在这种心理的支配下,一些人常常在不经意间谈论自己的得意之事。这样做很容易使同事产生反感,认为你喜欢吹嘘和炫耀自己。

2. 不要频繁接触上司

上司是每个职员工作的领导者和考核者,掌握着支配我们利益获取和事业成败的"生杀大权"。因此,许多人都在绞尽脑汁讨好和巴结自己的上司。作为男人,切不可随波逐流,步入这一误区。如果你处处与上司套近乎,则会引起同事的忌妒和反感。

3. 融入同事的爱好之中

俗话说"趣味相投",只有共同的爱好兴趣才能让人走到一起。要想和同事搞好同事关系,首先得强迫自己去接受他们的一些兴趣和爱好。有了共同话题后,和同事相处就容易多了,在和他们闲聊的过程中,也会将自己在工作中的一些感受和他们进行交流,相互之间的工作友谊也会增进不少。

4. 不随意泄露个人隐私

同事的个人秘密，当然就是带着些不可告人或者不愿让其他人知道的隐情。要是同事能将自己的隐私信息告诉你，那只能说明同事对你是足够的信任。不随意泄露个人隐私是巩固职场友情的基本要求，如果这一点做不好，恐怕没有人再敢和你推心置腹。

5. 远离是非

经常性地搬弄是非，会让单位上的其他同事对你产生一种避之唯恐不及的感觉。流言飞语是一种杀伤性和破坏性很强的武器，这种伤害可以直接作用于人的心灵，它会让受到伤害的人感到非常厌倦不堪。

6. 低调处理内部纠纷

在长时间的工作过程中，与同事产生一些小矛盾，那是很正常的。不过在处理这些矛盾的时候，要注意方法，尽量不要让你们之间的矛盾公开激化。办公场所也是公共场所，尽管同事之间会因工作而产生一些小摩擦，不过千万要理性处理摩擦事件。不要不给同事余地，不给他人面子。这样你可能会在你的职业生涯中少一个"敌人"。

7. 牢骚怨言要远离嘴边

不少人无论工作在什么环境中，总是怒气冲天，牢骚满腹，总是逢人就大倒苦水，像祥林嫂般地唠叨不停会让周围的同事苦不堪言。也许你自己把发牢骚倒苦水看作是与同事们真心交流的一种方式，过度的牢骚怨言，会让同事们对你避之不及。

8. 不要在工作时聊天

我们常常在一些单位看到：一部分人工作繁忙，另一些人却在说说笑笑，正所谓"忙的忙死，闲的闲死"。

你若遇上这种情形，应该主动帮助正在忙碌的同事做些力所能及的工作。如果插不上手，则可以静下心读些业务书籍、资料。这样可以获得大多数同事的好感，认为你是个既有眼力劲儿又乐于助人的人。那些曾被你相助的同事亦会心存感激，在你今后的工作中也必会伸出援助之手。

9. 不要充当告密者

同事交往中,免不了要发些牢骚,说些闲话,间或牵扯到某甲某乙的是是非非。此时,你千万不要介入,更不要为讨好甲或乙而将这些话语传递给他们。最好的做法是借故走开,耳不听为净。

10. 权衡大局,不要把功绩包揽给自己

工作成绩是衡量一个人工作能力的尺度,是加薪晋职的阶梯。有些人为达此目的,常常攫取他人的成绩,不惜踩着同事的肩膀往上爬,令人感到卑鄙可耻。

因此,你要想和同事处理好关系,切不可如此这般急功近利。尽管你付出种种艰辛把工作干得有声有色,但也要分一杯羹给同事,多摆出同事的功劳。要知道,那种心胸狭隘只顾眼前利益的人,一定会被同事所讨厌的,也势必成为众矢之的。

11. 一视同仁,不要与某一同事过分亲密

有的人为摆脱在新环境中孤立无援的窘境,往往抱有尽快觅到几个要好朋友的心理,与少数同事交往过甚。殊不知,"欲速则不达",这不仅会引起厚此薄彼的嫌疑,还会招致无聊同事的闲言碎语。

智慧感言

要想在工作中处理好同事之间的关系,就一定要注意修饰自己的言行举止,给同事留下谦逊、正直、热心、大方的第一印象,这样才会获得同事的喜爱。

办公室注意分寸才不会得罪人

在工作中,说话要分场合,要有分寸,才能获得好人缘。否则在职场中将寸步难行。

在工作场合,"说话要有分寸"是很重要的一点。言语得当,进退有度,会让你左右逢源,而信口开河,肆无忌惮,只会让你寸步难行。这一点,对于说话比较多的人更具有重要意义。

在办公室里与同事们交往离不开语言,但是你会不会说话呢?俗话说"一句话说得让人跳,一句话说得让人笑"。同样的目的,但表达方式不同,造成的后果也大不一样。

在办公室说话要注意哪些事项呢?

1. 不涉及别人的隐私

在与他人交际中,为了避免引起别人的不快,一定要注意是否涉及对方的隐私。

2. 不要言及他人的缺陷和不幸

每个人都有一些缺陷或者不想提及的病痛或者伤心事,和他人交往时,我们就应该尽量有意避免提到这些事情。否则,勾起他人伤心的回忆或者伤人自尊。

3. 不要抱怨和发牢骚

抱怨和牢骚是无能和虚弱的表现。不要时常抱怨,更不要随意对同事发牢骚,不要诉说对公司制度的不满,小心传到老板的耳朵里,落得连申辩的机会都没有。

4. 要有主见不要人云亦云

老板赏识那些有头脑和主见的职员。如果你经常只是别人说什么你也说什么的话,那么你在办公室里就很容易被忽视了,你在办公室里的地位也不会很高了。有自己的头脑,不管你在公司的职位如何,你都应该发出自己的声音,应该敢于说出自己的想法。

5. 有些问题不宜刨根问底

如果你问对方一些问题,对方回答得很模糊笼统,甚至有意回避,你最好就不要再问下去。如果对方高兴让你知道,他一定会主动地说出来的。否则,别人不想让你知道,你再问也没有用的。此外,在问其他类似问题时,也要注意掌握问话尺度,要适可而止。

6. 有话好好说，不要争论

在办公室里与人相处要友善，说话态度要和气，要让人觉得有亲切感，即使是有了一定的级别，也不能用命令的口吻与别人说话。说话时，更不能用手指着对方，这样会让人觉得没有礼貌，让人有受到侮辱的感觉。虽然有时候，大家的意见不能够统一，但是有意见可以保留，对于那些原则性并不很强的问题，有没有必要争得你死我活呢？的确，有些人的口才很好，如果你要发挥自己的辩才的话，可以用在与客户的谈判上。如果一味好辩逞强，会让同事们敬而远之，久而久之，你不知不觉就成了不受欢迎的人。

7. 不要在办公室里当众炫耀自己

如果自己的专业技术很过硬，如果你是办公室里的红人，如果老板非常赏识你，这些就能够成为你炫耀的资本了吗？骄傲使人落后，谦虚使人进步。再有能耐，在职场生涯中也应该小心谨慎，强中自有强中手，倘若哪天来了个更加能干的员工，那你一定马上成为别人的笑料。倘若哪天老板额外给了你一笔奖金，你就更不能在办公室里炫耀了，别人在一边恭喜你的同时，一边也在嫉恨你呢！

8. 办公室不是互诉心事的场所

我们身边总有这样一些人，他们性格直率，有什么说什么。虽然这样的交谈能够很快拉近人与人之间的距离，使你们之间很快变得亲切起来，但心理学家调查研究后发现，事实上只有1%的人能够严守秘密。所以，自己的生活或工作有了问题，应该尽量避免在工作的场所里议论，不妨找几个知心朋友下班以后另找个地方好好聊。

9. 不要随便承诺

当别人对你提出要求时，你肯定不好意思开口就说"不"，因为这样很可能会造成两个人关系的疏远。但是有时候明知自己做不到还信誓旦旦，要是事情没办成，你就失去了最宝贵的东西——信任。许多人在面对这种矛盾时都十分苦恼，不知如何是好。所以千万不要随便允诺。

智慧感言

说话要分场合,要看"人头",要有分寸,最关键的是要得体。不卑不亢的说话态度,优雅的肢体语言,能够帮助你更加自信。

不要忽视同事间的应酬

社交中的应酬,是一门人情练达的学问,它可以拉近距离联系感情。同事间的应酬有很多:小张结婚、大李生子、赵姐升迁、小童生日……你一定要积极一点,帮人凑份子、请客、送礼,因为应酬是最能联系感情的办法,善于交际的人一定会抓住它大做文章。

一位同事生日,有人提议大家去庆贺,你也乐意前行,可是去了以后发现,这么多的人,偏偏来为他贺岁,他们为什么不在你生日的时候也来热闹一番?这就是问题所在,这说明你的应酬还不到位,你的人际关系还有欠佳的时候。要扭转这种内心的失落,你不妨积极主动一些,多找一些借口,在应酬中学会应酬。

比如你新领到一笔奖金,又适逢生日,你可以采取积极的策略,向你所在部门的同事说:"今天是我的生日,想请大家吃顿晚饭,敬请光临,记住了,别带礼物。"在这种情形下,不管同事们过去和你的关系如何,这一次都会乐意去捧场的,你也一定会给他们留下一个比较好的印象。

小方上班已经快半个月了,与同事的关系却还停留在"淡如水"的阶段,看着其他同事彼此间亲亲热热,小方真是又羡慕又无奈。这天是周五,行政部的王小姐大声宣布:"明天我生日,我请大家吃饭,愿意来的呢,明天下午三点,在公司门口会合!"大家听了都非常高兴,唧唧喳喳议论个不停,当然,小方依旧是被冷落的那一个。"去不去呢?人家又没邀请我!"下班后小方一直在考虑这个问题,最后一咬牙,还是决定去。第二天,他准时来到公司门口，当他把准备好的礼物送给王小姐时，她明显愣了一下，但马上就笑开了，并对小方表示了热情的欢迎。那一天他们玩得非常尽兴，小方还两次登台献艺，办公室里的尴尬气氛就这样打开了，小方也成功地融入了这个集体。

如果没有参加这次应酬，小方可能还得在办公室的"北极地带"继续徘徊，可见应酬确实是联络感情的最好办法，吃喝笑闹间，双方的距离就被拉近了。

重视应酬，一定要入乡随俗。如果你所在的公司中，升职者有宴请同事的习惯，你一定不要破例，你不请，就会落下一个"小气"的名声。如果人家都没有请过，而你却独开先例，同事们还会以为你太招摇。所以，要按约定俗成来办。这是请与不请，当请则请的问题。

重视应酬，还有一个别人邀请，你去与不去的问题。人家发出了邀请，不答应是不妥的，可是答应以后，一定要三思而后行。

对于深交的同事，有求必应，关系密切，无论何种场面，都能应酬自如。

浅交之人，去也只是应酬，礼尚往来，最好反过来再请别人，从而把关系推向深入。

能去的尽量去，不能去的就千万不能勉强。比如同事间的送旧迎新，由于工作的调动，要分离了，可以去送行；来新人了可以去欢迎。欢送老同事，数年来工作中建立了一定的情缘，去一下合情合理；欢迎新同事就大可不必去凑这个热闹，来日方长，还愁没有见面的机会吗？

重视应酬，不能不送礼，同事之间的礼尚往来，是建立感情加深关系的物质纽带。

同事在某一件事上帮了你的忙，你事后觉得盛情难却，选了一份礼品登门致谢，既还了人情，又加深了感情，同事间的婚嫁喜庆，根据平日的交情，送去一份贺礼。既添了喜庆的气氛，又巩固了自己的人缘。像这种情况，送礼时要留意轻重之分，一般情况礼到了就行了，千万不要买过于贵重的礼品。

同事间送礼，讲究的是礼尚往来，今天你送给我，我明天再送给你，所以，不论怎样的礼品，应来者不拒，一概收下。他来送礼，你执意不收，岂不叫人没有面子？倘若你估计到送礼者别有图谋，推辞有困难，不能硬把礼品"推"出去，可将礼品暂时收下，然后找一个适当的借口，再回送相同价值的礼品。实在不能收受的礼物，除婉言拒收外，还要有诚恳的道谢。而收受那些非常礼之中的大礼，在可能影响工作大局和令你无法坚持原则的情况下，你要硬撕破脸面不收，也比你日后落个受贿嫌疑强。这叫做"君子爱礼，收之有道"。

智慧感言

应酬，是处理好同事关系的法宝之一，嫌应酬麻烦而躲避它的人，会被人说成是不懂得人情世故。处理好应酬的人必定会受到同事的欢迎。

学会应对办公室不同类型的人

在职场中，职业男性要想处理好复杂的人际关系，提升自己在办公室中的地位及赢得其他同事的欣赏，就得学会与不同类型的人相处的技巧。

1. 应付口蜜腹剑的人

这种类型的人特点是，嘴上说得比蜜还甜，可实际上却是一肚子坏水。跟这种类型的人做同事，最简单的应付方式是装着不认识他，尽量不跟他有利益方面的冲突，不要做同一件工作，就算是非工作时间，也避免让他接近你，否则你给他机会，他就拿你开刀。

2. 应付阿谀奉承的人

此类人的特点是喜欢拍马屁，善于说很多好听的话以博得别人的欢心，上级面前更是殷勤，一般总是说得多，做得少。

当此类人是你的同事时，你就得小心了。不可与他为敌，没有必要得罪他。平时见面还是笑脸相迎，和和气气。如果你有意孤立他，或者招惹他，他就可能把你当做往上爬的垫脚石。

3．应付尖酸刻薄的人

尖酸刻薄型的人，是在公司内较不受欢迎的。他的特点是和别人争执时往往挖人隐私不留余地，同时冷嘲热讽无所不至，让对方自尊心受损颜面尽失。

这种人平常以取笑同事挖苦老板为乐事。你被老板批评了，他会说："这是老天有眼，罪有应得。"你和同事吵架了，他会说："狗咬狗一嘴毛，两个都不是好东西。"你去纠正部下，被他知道了，他也会说："有人恶霸，有人天生贱骨头，这是什么世界！"

尖酸刻薄型的人，天生伶牙俐齿得理不饶人。由于他的行为离谱，因此在公司内也没有什么朋友。他之所以能够生存，是因为别人烦他，不想理他，但如果有一天遭到众怒，他也会被治得很惨。

如果他是你的同事，和他保持距离，不要惹他。万一吃亏，听到一两句刺激的话或闲言碎语，就装没听见，千万不能动怒，否则，是自讨没趣，惹鬼上身。

4．忘恩负义的人

这类型的人最大的特征就是翻脸如翻书，一旦跟他产生利益冲突，不管你以前对他有多么大的帮助，有多少的恩情，他都一概不认账，翻脸不认人。面对这种同事，你倒是大可不必与他一般见识。只要做好自己的事情，不跟他扯上利益的关系就行了。

5．应付挑拨离间的人

同样是一张嘴巴，有人用来吹牛拍马，有人用来讽刺损人，有人用来挑拨是非离间同仁。吹牛拍马是损人利己；尖酸刻薄是损人利己；挑拨离间是将公司弄得乱七八糟人心惶惶。

这类型的人，给公司带来的杀伤力非常之大且迅速，只要一不注意或处理不当，公司便可能灰飞烟灭，处处残迹。应付这种类型的人，没有什么办法，只能防微杜渐，不让这类人进来，或一有发现就予以制止或消除。

否则，后果不堪设想。

这种人做了你的同事，你除谨言慎行及和他保持距离外，最重要的是你得联络其他同事，建立联防及同盟关系，将他孤立起来。如果他向某些人挑拨和离间，不要为之所动，不要受他影响。

6. 应付自以为是的人

自以为是的人，对任何事情都有他自己的定见。他之所以会踌躇满志自以为是，是因为他一直处在一种极顺的状况下，不曾尝过失败的苦头，因此也不怕失败。

他没有办法接受别人的意见，如果别人够聪明的话，也不用和他辩。要知道一个长久不曾失败过的人，是因为他的智慧，而不是他的运气。朋友，相信"智慧"这两个字，虽然很好写，但不容易了解。

和这类人同事，不能太顺着他，只有让他尝到一些失败的苦果，才能真正地改变及帮助他。

智慧感言

职场中的人际关系复杂，要想提升自己在办公室的地位以及赢得同事的欣赏，就必须学会与不同类型的人相处的技巧，这样才能在职场中如鱼得水。

理性地对待上司的苛求

大千世界，什么样的人物都有。有些上司总是爱给自己的下属穿小鞋，或者打两棒子。碰上这种上司，只能自认倒霉，或者干脆溜之大吉。可是有的时候，刁难和苛求并不一定都是恶意。

王军现在是一家电子公司的销售主管，早已跃入高层。可是几年前，他不过是一个等待升迁机会的小职员。经过自己的辛勤努力，他终于有了一个升迁的机会,不过按照公司的制度安排,要有一次考核评比,以此来选拔最优秀的人才。

考试的时候,王军并没有太紧张,凭自己出色的知识积累和实践经验,在各种各样的测验中脱颖而出,最终成为唯一的竞争者,但是还有一道题,这道题是由老总亲自出的,如果不能通过,前面做的努力也就白费了。

王军对自己很有自信,相信不会倒在这里。然而,当老总的考验到了他面前时,他还是大吃一惊。

老总出的题很简单,就是笔试,而且就一张试卷,上面只有两道算术题。拿到试卷的那一刻,他真的要笑出声来,甚至他认为文凭不高靠自学成才的老总是在故意捉弄人。可是,认真一看考题,他顿时傻了眼:$18+81=(\quad)6\quad 6\times 6=1(\quad)$

就这么两道算术题,他用尽了任何高深的运算,最后得出的结论是:无解。

最后,考试铃声响起,他不得不心情沉重地交上了自己空白的考卷。他的心情糟糕透了。

这时,老总笑吟吟地走了进来。他暗暗地咒骂着。

老总问王军现在的感受,他委屈得几乎掉泪,自然没有心思回答。老总看他不讲话,就讲了一件企业发展的往事。

那是一次行业危机时,产品严重积压,老总费尽心机,仍无起色。就在这时,一个灵感闯进了他的脑海。于是,他不再试着把产品销出去,反而拿出一部分资金收购产品。就这样,他以极低的价格进了一批产品。等到危机过去,这批产品大大地赚了一笔。

老总意味深长地说:"给'无解'一个答案,这似乎不近人情,可是商业竞争时时刻刻都在给我们出着看似无解的难题。因此,对于人才,我们也需要那些能够在没有答案中找到答案的人。"

说完,老总拿起那张空白的试卷,说:"我并不是故意捉弄你,请把试卷倒过来再看一看。"

王军把试卷倒置过来,刚才无解的考题变成了:$9(\quad)=18+81$

（ ）1＝9×9 一瞬间，他什么都明白了。

刁难和苛求一般都是无理的，可是又有多少事情是按照所谓的"理"进行的呢？当今社会，讲究的是"势"，能够把一件事情做成功，能够把一件不可能完成的事情做成功，就会被认为是有能力的。

智慧感言

面对上司刁难的时候，请不要慌张，或许刁难的背后，就有一个机会在等着你。

巧言化解与上司的矛盾

假如你认为自己得罪上司了，首先应判断一下上司是不是真的对你反感，不过不要太敏感。但是，如果上司突然不再分派给你很多工作，特别是富有挑战性的任务或是不再邀请你参加与你职位相称的会议了，这个时候你就要注意改善与上级之间的关系了。

对于这类问题，你可以直接问他/她："我不明白发生了什么，可不可以请您解释一下？"接着就洗耳恭听。上级说完以后，你就说："现在我对这个情况更加清楚了，为了解决这个问题，我认为我们可以这样做……"关键是把重点放在可以做些什么以改善关系上面，这个时候不要去责怪别人，也不要提起任何跟危机原因相关的话题。你要让上司知道你希望把事情办好，还可以将下一项任务做得十分出色。如果隔阂不是太深的话，你还能运用另一种策略，比如可以主动要求到办公室以外的地方工作一段时间，跟上级拉开一点距离。或许就会融洽你们之间暂时疏远的感情，还能改善逐渐恶化的关系。

且不论谁对谁错，无论从哪个角度来讲得罪上司都不是一件好事。你如果不想离职或者辞职，千万不要陷入僵局中，下面几条建议可以帮你留出回旋的余地。

1. 找个合适的机会沟通

消除跟上司之间的隔阂非常有必要，但是最好你自己主动伸出"橄榄枝"。若是你犯了错，你就应该有认错的勇气，跟上司解释清楚，表明自己以此为鉴的决心，并希望能够继续得到上司的关心和重视。如果原因在于上司，便可以在比较宽松适当的时间，以委婉的方式，跟对方进行沟通和交流，你还可以说是由于自己的一时冲动或者方式有欠周到，希望上司谅解自己，这样，既有利于相互间感情的沟通，又能给对方提供一个很体面的台阶下，从而有助于恢复你同上司之间的融洽关系。

2. 利用一些轻松的场合表示出对他的尊重

即使是很开朗的上司也会特别注意维护自己的威严，他们希望能得到部下的尊重，因此当你跟上司有了冲突以后，你可以在一些轻松的场合像会餐和联谊活动之类，向上司问个好，敬杯酒，以表示你对他的尊敬，上司自然会把这些记在心中，从而逐渐淡化或是排除对你的敌意。这样一来，也可以向众人展现出你的修养和气度。当然，对于那些根本不称职的领导，就无所谓得罪与否了，在必要的时候还必须予以反击。

3. 做错事后深刻地检讨和表明决心

假如你确实做错了事情，不必羞于再见到领导或是害怕再次被训斥。聪明的上司是绝对不会因为同一个问题而发两次火的。但是下属却很有必要在事后进行深刻的自我检讨和表明决心，这可以表示你并没有轻视领导的话，你经过了自我反省并且非常希望有机会能够改正这个错误。这个时候，领导一定会说："昨天的事其实我的态度也不好……"

如此一来，他便不会那么苛刻地要求你了，说不定因为"态度不好"而表示歉意，他有可能对你比平常要宽容和大度许多。

4. 遭到上司的批评时立即表示歉意

有些人在被批评的时候习惯辩解，实际上这样做是没有用的，无论出于什么原因，你犯了错是事实。这个时候辩解不仅于事无补，相反则可能因此伤害到上司的自尊心，致使你和上司的关系愈加恶化。即使你真的有十分充足的理由，也请不要在这个时候辩解，你需要做的只是低下头说声"对不起"。只有这样，上司才会感觉他的批评有了意义，而你的谦虚与诚恳也会给他留下非常深刻的印象，从而可以增加他对你的好感。

5. 把问题讲清楚

有一次，汤姆在与同事谈话的时候说上司是"机器人"，没想到后来被上司知道了。于是，汤姆便找机会给上司解释并且向他道歉："真的很抱歉，我现在感到特别后悔。但是我使用那个词绝对没有恶意。"汤姆跟上司解释道，"我用'机器人'这样的字眼，仅仅是想开个玩笑而已，只是我感觉您对我们有些疏远，麻木，所以，'机器人'三个字只是表达我这种感觉的一种很简单的方式。"上司听了汤姆很合情理的解释以及自我批评以后深受感动，当场表态说以后要努力学着善解人意，做个通情达理的上司。

6. 先简明道歉，稍后再解释

你迟到了，上司很不满意地数落你："怎么迟到了？"这个时候，你只需要说一声："对不起。"一定不要贸然去解释这件事。大概半个小时以后，等上司的情绪稳定下来时，然后坦诚地恳求上司原谅自己："迟到是由于在路上……"上司肯定会有不同的反应，他会说："下次不要这样了。"

 智慧感言

在工作中跟上司处理好关系，是很重要的一件事情。如果因为一时的失误，致使自己跟上司的关系变得十分尴尬的话，一定要找时间尽快与上司沟通，以尽早缓解僵局。

巧妙地对上司说"不"

在众人心里上司这个词是权威的象征，上司发话就意味着命令，所以一般人总是以一种必须完成使命的心态去面对上司。上司一有交代会习惯

性地说："好的，一定完成任务。"上司也是普通人，有时他会要你去做某件私事，这说明在做这件事情上，你比他更权威更专业。但是上司交代的事情并不一定都是你能完成的，所以我们要"量力而行"。若是举手之劳的小事，即使不是上司是个普通人拜托你都可以帮忙，若是自己无法完成的事，却因为是上司拜托而应承下来，只会给自己徒增烦恼。

所以，当上司委托你做某事时，你要慎重考虑，这件事自己是否能胜任？是否不违背自己的良心？然后再作决定。

如果你认为上司委托你的事不便拒绝，或怕拒绝了会使上司不悦而勉强接受下来，这种因畏惧上司报复而勉强答应，答应后又感到懊悔的事还是尽量不要接，因为做不好的话反而好心没好报。

尽管部下在工作上是隶属于上司，但部下也有独立的人格，不能什么事都不分善恶是非去服从。部下并不是奴隶。倘若你的上司以往曾帮过你很多忙，而今他要委托你做无理或不恰当的事，你更应该毅然地拒绝，这对上司来说是好的，对自己也是负责的。

当然，拒绝上司要讲究方法，采用什么办法才能让上司接受，这里面也是很有学问的。

当上司提出一件让你难以做到的事时，如果你直接回答："不可能，做不到。"这显示出上司故意刁难你的意思可能会让上司损失颜面。这时，你不妨借一件与此类似的事情做比较，让上司自觉问题的难度，而自动放弃这个要求，这是最好的说服方式。

甘罗的爷爷是秦朝的宰相。有一天，甘罗看见爷爷在后花园走来走去，不停地唉声叹气。

甘罗就问爷爷发生什么事情了，为什么这么愁眉苦脸啊。

"唉，孩子呀，大王不知听了谁的教唆，硬要吃公鸡下的蛋，命令满朝文武想法去找，要是三天内找不到，大家都得受罚。"甘宰相又叹了口气。

"秦王太不讲理了。"甘罗气呼呼地说。他眼睛一眨，想了个主意，说："不过，爷爷您别急，我有办法，明天我替您上朝吧。"

第二天早上，甘罗就替爷爷上朝了。他不慌不忙地走进宫殿，向秦王施礼。

秦王很不高兴,说:"小娃娃到这里捣什么乱!你爷爷呢?"

甘罗说:"大王,我爷爷今天来不了啦。他正在家生孩子呢,托我替他上朝来了。"

秦王听了哈哈大笑:"你这孩子,怎么胡言乱语!男人家哪能生孩子?"

甘罗说:"既然大王知道男人不能生孩子,那公鸡怎么能下蛋呢?"

甘罗的爷爷就是那种不敢拒绝上司的人。作为秦朝的宰相,遇到了皇帝的不可能做到的请求,却又因为君臣关系不敢直接拒绝。甘罗作为一个孩童,巧妙地借用男人不能生孩子与公鸡不能下蛋的同样的道理来拒绝秦王,并让秦王不得不放弃自己的无理要求,实在是大出人们的预料。甘罗的拒绝巧妙且合理,事后非但没有遭到秦王的报复,反而得到秦王的赏识,平步青云。你要相信上司他虽然对你拒绝了他而略有不快,但是你的拒绝若是合理又能显示出你的智慧,这样的人才上司是没理由不重用的。

有时候当上司提出的某些要求你不得不接受却也实在无法达到的时候,不妨设法造成属下已尽全力的错觉,让上司自动放弃其要求,也是一种没办法的办法。

比如,当上司提出不能满足的要求后,就可采取下列步骤先答复:"您的意见我懂了,请放心,我保证全力以赴去做。"过几天,再汇报:"这几天因为某某原因,事情进行得不是很顺利,你放心我一定会更努力去达成的。"又过几天,再告诉上司:"您的事我已经托某某在进行了,他说因为需要……所以不太好办,但我还是让他尽最大力量去做了,只是可能需要一段时间了。"尽管事情最后不了了之,但你也会给上司留下好感,因为你已造成"尽力而做"的假象,上司也就不会再怪罪你了。

一般来说,人都是以自我需要为中心的,人们对自己提出的要求,总是念念不忘。但如果长时间得不到回音,就会认为对方不重视自己的问题,反感和不满就会由此而生。相反,不管是好消息坏消息,即使不能满足上司的要求,只要能做出很努力在为他争取的样子,对方就不会抱怨,甚至还会对你心存感激,因为你让他觉得你很重视他,以他为中心,这在很大程度上满足了他的虚荣心。

智慧感言

尽管部下在工作上是隶属于上司的,但部下也有独立的人格,不能什么事都不分善恶是非去服从。对于上司不合理的要求,你也可以巧妙地说"不"。

诚恳地接受上司的批评

当我们受到上司批评时,需要表现诚恳的态度,并从批评中受到教育,得到启发,改进了工作方法。最令上司恼火的,就是他的话被你当成了"耳旁风"。如果你对批评置若罔闻,依然我行我素,这种效果也许比当面顶撞更糟。因为,你的眼里没有领导,太瞧不起他。

批评有批评的道理,错误的批评也有其可接受的出发点。切实地说,受批评才能了解上司,接受批评才能体现对上司的尊重。比如错误的批评吧,你处理得好,反而会变成有利因素。如果你不服气,发牢骚,那么,你这种做法产生的负效应,足以使你和领导之间的感情距离拉大,造成关系恶化。当领导认为你"批评不起""批评不得"时,也就产生了相伴随的印象——认为你"用不起"也"提拔不得"。

当然,公开场合受到不公正的批评、错误的指责,心理上是难以接受的,思想上也会造成波动。妥善的方法是:你可以一方面私下耐心做些解释;另一方面,用行动证明自己。如果是当面顶撞,则是最不明智的做法。既然是公开场合,你觉得下不了台,反过来若当面顶撞也会使领导下不了台。其实,你能坦然大度地接受其批评,他会在潜意识中产生歉疚之情,或感激之情。也会琢磨,这次批评到底是对还是错?

依靠公开场合耍威风来显示自己的权威，换取别人的顺从，这样不聪明的领导是不多的。其实，你真遇到这种领导，就需要大度能容，只要有两次这种情况发生，跌面子的就不再是你，而是他本人了。

同领导发生争论，要看是什么问题。比如你对自己的见解确有把握时，对某个方案有不同意见时，与你掌握的情况有较大出入时，对某人某事看法有较大差异时，等等。请记住：当领导批评你时，并不是要和你探讨什么，所以此刻绝不宜发生争执。

受到上级批评时，反复纠缠争辩，非得弄个一清二楚才罢休，这是很没有必要的。确有冤情，确有误解怎么办？可找一两次机会表白一下，点到为止。即使领导没有为你"平反昭雪"，也完全没必要纠缠不休。

在晋升的过程中，有人充满信心，有人谨小慎微，但不管怎样，突然受到来自上级的批评或训斥，都会造成很大的影响。而要处理得好，首先要明白上司为什么要批评你。

我们可以这样认为：领导批评或训斥部下，有时是发现了问题，必须纠正；有时是出于一种调整关系的需要，告诉受批评者不要太自以为是，或把事情看得太简单；有时是为了显示自己的威信和尊严，与部下有意保持一定的距离；有时是"杀一儆百"，"杀鸡给猴看"。不该受批评的人受批评，其实还有一层"代人受过"的意思……明白了上司为什么批评，你便会把握情况，从容应付。

挨批评虽然在情感上自尊心上受一定影响，但如果你不情绪低落，而用一种反思维的态度对待自己，即古人说的"有则改之，无则加勉"，则会从中获益良多。否则过于追求弄清是非曲直，只会使人们感到你心胸狭窄，经不起任何的考验。

 智慧感言

当我们在工作中犯了错，受到上司批评时，需要表现诚恳的态度，从批评中吸取经验，得到启发，从而改进以后的工作方法。

善于安抚下属的不良情绪

一名优秀的领导者,不单是本部门业务上的高手,更重要的能力是要能领导自己的下属在愉悦的环境中去做事。要做到这一点,那么,你就需要随时随地注意下属的情绪。避免自己一时不当的言行伤害到下属的感情。因为,一个人的情绪很可能会影响到他工作时的态度,如果态度没放端正,他的工作就很难开展下去。

A公司接到了客户赠送的三张旅游券,可是公司却有四个人,怎么办?公司经理自己拿了一张旅游券,发下去了两张。显然,有一个员工没有得到旅游券,他备感打击,感觉自己的自尊受到了伤害,对经理产生了憎恨的心理。在留守上班的日子里,这名员工故意把几笔大生意给推了。

在这件事上,那位员工做法当然不对,但公司经理也犯了不小错误。试想一下,如果经理当时去补一张券,或者自己不去旅游,或者对留下的员工进行解释,让他下次优先享受"好处"。只要采取其中一种方式,都不会产生后来的结果。然而,这位经理偏偏选择了最糟糕的一种处理方式:冷落了那名员工。试想,这样的处理方式能激起这名员工什么样的情绪呢?

那么,一个领导者要怎样去避免这类事情的发生呢?必须做到对下属一视同仁。

1. 体现在相互尊重上

不能有亲有疏,处理问题对事不对人,要"一碗水端平"。如上面讲的,那位经理就没有"一碗水端平",他可以用很多恰到好处的办法处理那件事,但他没有,以为自己是经理,有权分配利益。

2. 要尊重下属的劳动,爱护他们的积极性创造性

要善于宽容谅解下属,如果下属在态度上言行上对你有所冒犯,也不必挂在心上,要主动表示谅解,解除对方心理压力和紧张情绪。领导者不

能高高在上，必须懂得对下属的尊重，要和下属和睦相处，从而取得下属的了解与信任。往往一位成功的管理者所发挥的管理功能更多的是来源于个人影响力和人格的魅力！

对于大小头头来说，不要以"领导者"自居，要放下架子，以平等友好坦诚直率的态度与下属相处。不要做表里不一、心口不一的人。要关心下属，了解下属的生活情况、思想情绪，并帮助他们解决生活工作中的困难，解除思想上的烦恼。

3. 必须坚持用人唯贤的原则

为了企业的长远未来，要做到用人唯贤的原则。对下属一视同仁，公平合理，只要他有能力就该给予适当的头衔加适当的工资，而不是做情感的俘虏，只会提拔自己的亲信。你的下属发现你能公平公正地对待他，他定会心情舒畅，情绪高涨，工作中也必定是斗志昂扬。

反之，下属如果发现你"偏心眼儿"，被偏向的一方获得好处似无怨言；但另一方，则是怨声载道；旁观者也会表示不满，对你企业望而止步。而你偏袒的一方，也会因此与别人"格格不入"。如此，作为一个团队就分裂了。人们常说，整体功能大于局部功能之和。一个分裂的整体，当然"元气大伤"。在竞争如此激烈的商战中，大家"窝里闹"必将使你的企业走上绝路。

 智慧感言

作为一个领导者，你应该在下属中间起个调和作用，或者纽带作用，促进他们之间的团结。

第八章　两性婚姻

——男人也需要幸福的家庭

家是男人的避风港和加油站,是让他身心最为放松的地方。没有一个幸福的家庭,再有激情的男人也会被折磨得焦头烂额,再能干的男人也会感到生活无聊。因此,男人需要幸福的家庭,需要用心经营和维护婚姻的和谐!

巧赢芳心，女人吃男人哪一套

无论时代如何日新月异地演变，无可否认的，在爱情这场追逐战中，男人仍然是所谓"主动攻击"的角色。《诗经》云："窈窕淑女，君子好逑"，至今仍然适用。男人见了心目中的"淑女"，依然按捺不住那股蠢蠢欲动的逐猎本能，铆足劲地一头栽下去——追！

但是，很多男人打拼事业多年，至今仍形单影只，你是否想过其中的原因呢？

就如战争讲求战略战术一样，男人追女人的技巧如何，成败攸关。调查显示，女人对男人的了解很大程度上来自于男人追求她们的方式。也就是说，是否能够赢得她的心，取决于你们交往过程中你的方法与态度。女性喜欢被追求，喜欢被人尊重和珍爱；还有最重要的，就是受到关注，越多越好。因此，男人最应该给予女人的就是关注。

那么，男人赢得女人芳心的技巧是什么呢？

1. 主动追求心仪的她

如果你喜欢一个女人，就必须让她知道。否则，当然不可能有什么事情发生。因此，你必须勇敢地开始你的追求。在你与她身处同一处所时，把你的全部时间都用来表现对她的关注。不要花过多的时间四处张望，以免她误以为你在挑选"一夜情"的对象。追求可以从观察她的身体语言开始，比如与你对视，向你微笑，抚摸自己的头发，等等。一旦发现这些表现，你应该立即采取行动。不要把所有的时间都用在眉目传情上。不然，等你真的想上前同她说话时，可能已经有人抢先一步。

2. 巧妙与她搭讪

走上前去，由你说第一句话。保持她对谈话的兴趣并且让谈话继续下去的关键就是对她的关注。谈各种各样有关她生活的问题：她的兴趣爱好——喜欢什么样的音乐，爱吃什么东西，想喝点儿什么，常去哪家餐厅等等，还有她看的电影，她的学业，她的近况，她的朋友……

随着谈话不断深入，你可以向她表示希望保持联系的愿望并询问她的电话号码。第一个电话至少要在两天以后再打。在电话中，你应该表示出上次的谈话令你十分愉快，她的个性给你留下深刻印象。电话应该以你邀请她出去为结束。

3. 第一次约会时不要主动谈及性除非她谈到这个问题

第一次约会应该是加深彼此了解的时候。为她做所有的事但不要对她的每一句话都表示同意。如果她对你的言行提出异议，接受并且不要试图为自己开脱，那样会使你显得软弱。

4. 深入了解她的需要

要了解她的需要和情思，虽然这可能是自盘古开天辟地以来最难的事情，但只要你能熟读福尔摩斯探案集，详背唐诗三百首，用如福尔摩斯般理性的思维和诗人般敏感的心来对付她，那她什么时候想和人分享快乐，什么时候要人来分担痛苦，还不都是小菜一碟吗。然后你就会知道在她高兴的时候给她买只冰淇淋，她不高兴时你就买两只，一只给她吃，另一只你就等着她砍你。

5. 为她排忧解难

当她觉得害怕，觉得力不从心或觉得难为情的时候，你要挺身而出，想尽办法为她解决，当然黑社会老大不属此列（不好意思，老大，我是说这种事情由小的去办就行了）。你得是她心中的蜘蛛侠，她希望你就是一张网，有敌人侵犯时，她安全地躲在网里，看你如何挥剑斩荆棘。要是你觉得自己还不够蜘蛛侠，Sorry，请先看完蜘蛛侠。

6. 要有绅士风度

就像电影里一样，她冷时，你就应该呼地脱下你的外套给她披上，哪怕你的嘴会冻得像茄子，够帅；乘车时，先为她找座位，没有座位跪在地下求人家也得给她找一个；拥挤时，牵着她的手在前面为她杀出一条血路，然后擦干地下的血迹，让你心爱的人通过，更帅。

智慧感言

一个男人要让一个女人爱上你并不难，只要在适当的时机用对了方法，刹那间，即能擦出爱的火花。

聪明男人会说女人爱听的话

女性最愿意与哪种类型的男性交往呢？女性最关注的并非男性的长相，也非教养、学识等条件，她们最喜欢与夸奖女性/她重视她的男性交往接触。知道了女人的这一特点，男人想讨女人欢心就能做到有的放矢了。

追求青春永驻，是女人共有的天性。男人在应酬当中，如果适当地及时地赞美一下周围的女性，相信会有预料不到的收获。

没有哪个女人会因男性恭维自己夸奖自己而愤怒或厌恶对方，除非这个女人明知自己的容貌并不怎样，而那男的却说："小姐，你美如仙子！"其实，即使这个女的嘴上不高兴，其内心也是充满幸福和快感的。因为，这事实上是一种对其价值的肯定。

不论从什么角度来看，女性似乎都有一种独特的气质。有些人是高尚优雅，有些人是天生丽质，不论哪一方面，身为女性总有足以自豪的地方。身为男性，你不妨试着寻找对方某些与众不同的地方，然后就这个加以称赞，它所产生的功效会更大。

或许有些人对自己某方面的魅力并没有察觉到，但就在潜意识中，或多或少都会有着自豪的成分。所以针对这些微小的"长处"加以称赞，对方会觉得你很关心她，为人十分细心等。

如果你对一般已被公认为"美人"的人说："你很美。"对方不见得会显得特别高兴，因为你的称赞已是别人公认的事实，所以不会给对方一种意外感，对方对你的感觉印象也不会因此而强烈。

即使有些人看来好像自卑感很重，但对某些事情还是会有着强烈的自我陶醉的情绪。

说到这里，若我们想称赞女性，但又不知如何启口时，我们或许可以从这几个方面称赞："好漂亮的手指！""你穿这套衣服显得特别的迷人！""你的字写得非常漂亮。""你的小皮包很漂亮。"当我们这样称赞她的时候，已经足以显示我们的热心了。

我们在夸奖男性的时候，从背后夸奖，经由他人传达至当事人耳里，最具效果。但夸奖女性则恰恰相反，无论哪种场合，都应当面毫不犹豫地直接称赞，而且要不厌其烦地应用各种方式。

没有哪个女人会因男性恭维自己夸奖自己而愤怒或厌恶对方。

男人要事业也要家庭

在男人追求成功的过程中，家庭和事业的选择常常摆在他们的面前，要事业还是要家庭？鱼与熊掌能否兼得？常常困惑着无数的男性。很多男人在事业上的成功却换来的是婚姻和家庭的丢失，所以男人如何经营事业与家庭，如何实现自身的发展与人生价值，如何营造和谐家庭，是一个永恒的话题。

在今天，成功男人的定义已经发生了根本的变化，一个真正成功的男人，应该是事业家庭的双赢。"一屋不扫何以扫天下"，不懂得平衡事业与家庭关系的男人算不得真正成功的男人。过去我们常常认为，为了工作不顾家庭是一种高尚的敬业精神，但时代在进步，这种观念已经过时了。

家庭是一个温馨的港湾，是男人生存和事业走向成功和辉煌的基础。幸福的家庭能够更好成就一个人的事业，有成功的事业做基础也容易组建一个较为理想的家庭。

曾经有一篇关于中外家庭对比的文章，大意是：无论在哪个国家，中国人永远比当地人积蓄更多的钱财，不是他们更有经商天赋，而是他们通过降低生活标准来完成金钱的积累。他们会没日没夜地工作，除了关心孩子的学习和成绩外，很少和孩子一起玩。

人生有一个赚与赔的法则：你赚得了事业，赚得了金钱，却赔上了时间，赔上了健康，赔上了与家人的关系。有人认为前者价值更重，所以不顾一切，拼命追求，但当他事业成功后，随之"收获"的又是什么呢？亲情冷淡，婚姻解体，心情压抑，没有喜乐……

现代生活中，只有事业而没有温馨家庭的男人，不能算是成功的男人。对于男人来说"事业"和"家庭"同样重要，在没有遭遇爱情的时候，努力为自己的事业好好拼拼，在爱情来临时懂得珍惜和把握，建造一个美满的家庭，温馨的家庭是事业的顺风帆，有助于男人的事业一帆风顺。但如何在事业和家庭之间找到平衡点，如何做"事业家庭兼顾型"男人，这需要男人很高的智慧。真正有智慧的人，懂得双赢法则，会平衡好事业与家庭的关系，做到事业家庭双赢。

事业和家庭就是一个天平的两端，处理不好就会遗憾地从平衡木上掉下来，要么牺牲自己的事业要么牺牲自己的家庭，有时甚至二者都丧失。对于许多在职业场上拼杀的男人而言，工作上的成功虽然带来了心理的满足和快乐，但失去家庭不值得。聪明的男人能够在家庭和事业间找到平衡点，"鱼与熊掌"是可以兼得的。

男人要想平和地对待事业和家庭，除了努力发展事业之外，也要勇于承担家庭责任，绝不能在打造出事业的天空时，而忽略了自己所必须承担的另一半责任。如果能合理安排自己的生活节奏，多抽抽空陪陪家人，给予他们关爱，这样的家庭关系也会促进事业的发展。除此之外，无论你在外面是多么重要的社会角色,在家庭中仍是普通的一员,有责任担负起家庭成员的义务。应该注意调整好自己的心态,努力使自己保持豁达宽容之心,保持积极愉快的情绪。要善于把自己的痛苦和烦恼倾吐出来,把消极情绪释放出来,与妻子坦诚地谈心,这样有助于夫妻感情的交流。

有人说,没有天生的好男人,也没有天生的好女人,任何角色都是通过学习而获得的。只要你肯付出,一定可以做到家庭事业双丰收。

智慧感言

"家和万事兴",能把家庭这本难念的经读好的男人,事业上也一定会有出色的成绩。因为,和睦的家庭让他永远充满了激情和活力,而激情和活力正是一个人前进的直接动力。

夫妻之间要多沟通

人们常常觉得使婚姻幸福是一件很难的事情,其实有时只要做好一件事,就可以让婚姻的幸福永远伴随着你,那就是夫妻间的交流。世界上没有完美的婚姻,追求完美在婚姻中是一种并不可取的态度,但夫妻间良好的沟通可以使婚姻质量得到较大的改进。事实上,婚姻中并不是所有的冲突都可以解决,即使在那些非常幸福的家庭里,大部分的争吵仍属于"永久性的问题"。

有人认为:如果夫妻间彼此能更适合对方,就不会有那么多婚姻问题了。但事实上,有些问题是没办法解决的,接受它才会有平和的心态,这种接受不是出于无奈,而是经过夫妻沟通之后,相互既承认彼此有着某种分歧,但又能互相体谅,那么他们两个仍能有幸福的婚姻状态。

泰戈尔的妻子帕兹达列尼是一个低等婆罗门种姓的姑娘,这是泰戈尔的父亲替泰戈尔做出的选择。刚结婚时,泰戈尔与其说是喜欢妻子,还不

如说是容忍了她。她既不漂亮又没有什么吸引人的地方,没有文化,以致不能成为泰戈尔最理想的生活兼精神伴侣。但是,很快她就用淳朴和踏实的举动,弥补了她魅力的不足。帕兹达列尼总是恰到好处地体贴与照顾着泰戈尔,很快就成了泰戈尔的最佳帮手,她的贤惠和无私逐渐赢得了泰戈尔的尊重。

泰戈尔懂得感激,他经常抽出时间陪妻子聊聊天拉拉家常,通过交谈他们增加了对彼此的了解,也知道了彼此对对方的看法和要求,于是泰戈尔对妻子的感情从无到有,由浅至深。婚后的第十九年,帕兹达列尼患上了重病,整整两个月,泰戈尔昼夜看护她,拒绝雇佣职业看护,一直坐在妻子的床前,缓缓地为她摇着扇子。

妻子死后,泰戈尔更是悲痛欲绝,通宵达旦地在阳台上踱来踱去。为了怀念妻子,泰戈尔写了27首诗,以《追忆》为名出版。

正如专家们所指出的:"如果夫妻们都真正明白花时间待在一起的重要性,那么那些婚姻临床医学家都会失业了。"夫妻间坦率地谈谈自己的感受,自己的喜欢和憎恶,这很重要。向对方说出你的沮丧、失望、愿望,在交谈时,不要使用尖刻的字眼,虽然爱并不意味着必须向对方毫无保留地袒露一切,但是,对夫妻来说,无忧无虑地表达自己的观点,总比让自己的心境的压力越积越大直到爆炸好得多。

有一对结婚五十年的老夫妻,在大饭店举办了他们的"金婚"纪念日。当服务生将一盘热气腾腾的清蒸鱼放到桌上时,老先生迫不及待地将鱼头及鱼尾巴夹下来放在小碟子上,双手端给老太太说:"这给你吃。"

没想到老太太放声大哭了起来,她对他说:"我嫁给你五十年,跟着你任劳任怨才有今天的日子,我从没有抱怨计较过,没有想到,在今天这样的场合,你竟然还是这样没良心,让我吃鱼头鱼尾巴,你知道吗,我最不喜欢吃鱼头鱼尾巴,却吃了五十年。"老先生听了不禁感慨道:"五十年前,当你不顾家人反对嫁给我这个穷小子的时候,我就对天发誓,这一辈子我一定要全力以赴,想办法赚钱让你过好日子,以报答你对我的恩情。

一条鱼,我最喜欢吃的就是鱼头鱼尾巴,自从结婚后,我就从来没有吃过它,因为我曾经承诺过,要把生命中最珍贵的给你。"

他们真的很恩爱,但他们显然犯下了一个错误:缺乏沟通。在今天这个人人忙碌操劳的时代,我们大都像急着下班的人那样,试图在极短的时间里既处理好日常琐事,也解决掉那么深刻的问题。夫妻难得闲暇聚在一起增进感情与理解,这种忙碌虽然可以理解,但是却要付出昂贵的代价。

 智慧感言

夫妻间多进行沟通很重要,即使再好的感情,长时间不进行沟通,双方的感情也会淡下来。

幽默增添夫妻生活的和谐

在夫妻生活中,男人适时幽默常常会收到意想不到的效果。懂得幽默的男人,往往以善意的微笑代替抱怨,避免争吵;给人带来欢乐,消除烦恼;使夫妻关系得以调适,使家庭生活充满快乐。

美国《今日心理学》杂志宣称:经常一齐发笑的夫妻,通常能维持到永远。一项心理学研究成果表明,幽默感相同的夫妻较易相爱和共偕连理。当你和自己的爱人在一起的时候,你应该运用自己的幽默力量,调整家庭气氛,消除疲劳和忧郁,使家中到处都流淌着笑声,到处都充满爱意。

男人来点幽默,让幽默为家庭着色,你的家庭定是一派春色。

1. 幽默能消除矛盾

夫妻生活中不可能没有矛盾,有了矛盾怎么办?只有设法从积极的方面去处理。有这样一对夫妻,在争吵高潮中妻子说"天呢!这哪像个家呀!我再也不能在这样的家里待下去了!"说完提起自己的皮箱就走。她刚出门,丈夫就在后面喊:"等一会儿,咱们一起走!天呢,这样的家有谁能待

下去呢?"丈夫也提上自己的皮箱赶上妻子,并接过她手中的皮箱,不知在哪转了一圈,回来就像刚度完蜜月一样。

2. 幽默可以代替责备

夫妻生活中的说话是很有讲究的,同样是一句话,如果说法不一样,其效果也就相差甚远。有一对夫妻,妻子晚上睡觉总是唠叨个没完没了,她丈夫天天早晨都不能按时起床。一天,妻子对丈夫说:"你应该买个闹钟。"丈夫说:"不用买!你不就是现成的闹钟嘛!"几句幽默的话,就把妻子的缺点暗示出来了,两人在"和平"中解决了矛盾。

3. 幽默能带来快乐

夫妻生活中不仅需要温柔和不断激荡的热情,也需要有充沛的情感和智力来完善丰富家庭生活。有位丈夫跑回家,气喘吁吁,且又得意地对妻子说:"我一路跟在公共汽车后面跑回来,这一来我省了一元钱。"妻子说:"那你为什么不跟在出租车后面跑?那样不是可以省十元钱吗!"这是对话的开头,整个夜晚夫妻生活是在甜蜜中度过的。

4. 幽默顿消怒火

有一农民,在干活时,饥肠辘辘,见妻子送饭来迟,火气发作,举起木杖向妻子打去,未料贤惠的妻子却赔着笑脸说:"咱夫妻俩恩爱多半辈子,我就不信你能忍心打下去!"这一招使丈夫火气顿消,木杖在空中戛然而止。

 智慧感言

家庭生活需要幽默,我们相信,不论在什么情形中,一个善用幽默来润滑夫妇间的关系,他获得的安宁比那些整天吵闹不休的家庭要多得多。

夫妻开战,男人要更宽容些

俗话说:勺子没有不碰锅沿的。恩爱夫妻也一样,两人共处的时间长了,难免会遇到不快的事。不过我们看到不少夫妇却越吵越亲密,这又是为什么呢?问题很简单,就是由于他们懂得并掌握了"战斗"的艺术,因而巧妙地渡过了"吵架"这一关。

在夫妻吵架中,男人要更大度一些,要善于用轻松幽默的办法解决问题。

1. 竭力使自己的情绪冷静下来

控制自己,冷静息怒,这样随着时间的推移,愤怒会在你心中慢慢融化。有句谚语说得好:"时间能医治一切创伤,时间也能吹熄一切怒火。"

2. 宽忍为怀

当你受到爱人的"无礼"对待时,不要把弦绷得太紧,要豁达大度,暂且退避三舍。理智地让步不仅对自己有好处,也能避免把事态搞得更僵。

3. 允许对方偶尔生气

如果你明白了彼此间爱慕的一对夫妻不免会有忌妒、烦恼和生气的事情发生的话,那么当这些情绪来临时,你就不会惊慌失措,因为这并不意味着他或她已经"没有感情"了。也许你的配偶是因为上司的缘故而情绪低落,没有向你表示绵绵之情,但即使这暂时的不快不是你的过错,你也应该问:"亲爱的,我做了什么事惹你生气了?"如果回答是否定的,你就再问:"那么,我能为你分忧吗?"如果对方不需要,你就不必打扰。要知道,这些问候是你给予她的最好的安慰。

4. 善于用幽默

当对方发火时,你要善于克制自己冲动的感情,不要针锋相对。你可

以说些宽慰、诙谐、逗趣的话来缓和紧张的气氛,这可以避免矛盾的激化和升级。

5. 以柔克刚

如果夫妻俩,一个急躁,一个柔顺,那就不容易冲突起来。古语说"良言一句三冬暖,恶语伤人六月寒"。夫妻之间发生矛盾时,千万不要用尖酸、刻薄、讽刺的话语去伤害对方,否则自己痛快了,对方却好几天缓不过劲来。为了加速感情的恢复,还可以试着为对方多做些事情。这样做会出乎对方的意料,往往能使对方作出相应的热情回报。

6. 以冷对热

冷,就是冷处理;热,就是头脑发热。以冷对热的关键,就是你吵我听。在一方感情激动控制不住自己的时候,任她发火,任她暴跳如雷,不去理睬她。"一只碗不响,两只碗叮当",一个人吵,就吵不起来,等对方情绪平和以后,再和她慢慢细说。

7. 要设身处地地为对方着想要将心比心

夫妻之间要"道义相砥,过失相规",在道义上互相砥砺,在过失上相互规劝。话要说到点子上,就能使爱人消气动心,言归于好。

8. 说话要有分寸

如果对方实在不像话,不得不顶她几句,这时难免发生争吵。但是即使争吵,说话也要掌握分寸,不能说绝情话;不能讥笑对方的某些缺陷或揭对方的"伤疤";更不能在一时气愤之下,破口大骂,不计后果。比如有的人吵架时言语不留余地:"你是不是管得太多了?""我要你怎么干你就得怎么干!""如果你真的爱我"等等,这类话咄咄逼人,很容易引发更大的冲突。"利刀割体疮好合,恶语伤人恨不消",如果说了绝情话,关系就很难平复。

9. 学会退让

如果你不想损伤对方的自尊心,你就必须学会说:"很抱歉。"夫妻吵架无输赢之分,谁是谁非不可能明明白白。有时只不过是作某一个"选择",而这个"选择"往往来自一方的让步。吵架时间不要长,吵得越久越伤感情。尽量主动打破僵局,不要把主动和对方说话看成是"屈服"。

当双方都开不了口时,可以装着不在意地向对方发出某种和解的"信息"。而另一方也要及时改变态度,接受这一"信息",并作出反应。

10. 就事论事

为了哪件事吵,讲清这件事就行了,不要上纲上线,也不要无限扩大。不要随便给对方扣上什么"自私"、"品质恶劣"、"卑鄙无耻"等帽子,否则,就把事情搞得太严重了。另外,对事情也切忌扩大化,如果从这件事又提及以前的事,从对配偶不满又拉扯到她的父母兄弟姐妹身上去,就会把事情搞得越来越复杂。

11. 绝不动手

"君子动口不动手",就是说不论争吵时情绪多么激动,一不能摔东西,二不能动手打人。有的夫妻在争吵时,为表示愤怒,常常把锅碗瓢盆摔得稀里哗啦,这是很愚蠢的。物品何辜?摔坏了以后还要花钱买,何必呢?至于打人,就更不应该了,这不仅为法律所不允许,而且会使"战争"马上"升级",弄得不可收拾。这是千万要警惕的,否则后果不堪设想。

12. 24小时内结束战斗

不少夫妻在争吵过程中,总有一种心理,就是都要以自己"有理"来压服对方,结果谁也不服谁,反而越说越有气。其实,夫妻之间的争吵,一般没有什么原则问题,许多是是非非缠在一起,也不易分清,特别是在头脑发热情绪激动时更不易讲清。如果争吵了一定时辰和一定程度,发现这样下去还不能解决问题,那么有一方就要及时刹车,并提示对方该休战了。这并不是屈服投降,而是表示冷静理智。可以用幽默打破僵局,说声:"我真的口渴了。要不要也给你沏杯茶?"或者一方出去,到户外转转。

 智慧感言

夫妻有了矛盾的时候,需要男人有一种克制且理性的态度;也需要有一种大度宽容的胸怀;还要有一种立即解决冲突走向和平的办法。